国家自然科学基金青年科学基金项目(61705062)资助
河南省基础与前沿技术研究计划项目(162300410219)资助

掺杂ⅢA族元素硅基光电材料性能概论

闫玲玲　著

U0338183

中国矿业大学出版社
·徐州·

内 容 提 要

基于硅材料在电子工业中的重要地位以及硅纳米材料所呈现的优异光电性能,学者们对硅基纳米器件的构建和光电性能的研究产生了极大兴趣。硅基纳米器件具有特殊的物理性能和化学性能,可用来制备具有规则阵列结构的硅基功能性纳米复合体系,其具有明显的整流效应和光伏性能,是一种具有广阔应用前景的光电器件。本书对掺杂ⅢA族元素对硅基纳米器件光电性能的影响进行了概述。

本书可供材料工程、微电子等研究方向的研究生及相关领域的科技工作者阅读参考。

图书在版编目(CIP)数据

掺杂ⅢA族元素硅基光电材料性能概论 / 闫玲玲著.
—徐州:中国矿业大学出版社,2019.12
ISBN 978 - 7 - 5646 - 3180 - 2

Ⅰ.①A… Ⅱ.①闫… Ⅲ.①硅基材料—光电材料—性能—研究 Ⅳ.①TN204

中国版本图书馆 CIP 数据核字(2019)第268321号

书　　名	掺杂ⅢA族元素硅基光电材料性能概论
著　　者	闫玲玲
责任编辑	杨　洋
出版发行	中国矿业大学出版社有限责任公司
	(江苏省徐州市解放南路　邮编 221008)
营销热线	(0516)83884103　83885105
出版服务	(0516)83995789　83884920
网　　址	http://www.cumtp.com　E-mail:cumtpvip@cumtp.com
印　　刷	江苏凤凰数码印务有限公司
开　　本	787 mm×1092 mm　1/16　印张 8　字数 200 千字
版次印次	2019 年 12 月第 1 版　2019 年 12 月第 1 次印刷
定　　价	32.00 元

(图书出现印装质量问题,本社负责调换)

前　言

　　基于硅材料在电子工业中的重要地位以及硅纳米材料所呈现的优异光电性能,学者们对硅基纳米器件的构建和光电性能的研究产生了极大的兴趣。硅基纳米器件具有特殊的物理性能和化学性能,可用来制备具有规则阵列结构的硅基功能性纳米复合体系,其具有明显的整流效应和光伏性能,是一种具有广阔应用前景的光电器件。本书对掺杂ⅢA族元素对硅基纳米器件光电性能的影响进行了概述。

　　笔者在撰写本书过程中参考了相关文献,在此对所有文献作者深表感谢。河南理工大学蔡红新老师及硕士研究生杨鹏、张国祥参与本书部分图片的制作和校阅,在此表示感谢。

　　由于水平有限,书中难免存在不当之处,恳请广大读者提出宝贵意见。

作　者

2019 年 5 月于河南理工大学

目　　录

1 绪 论

1.1 Si 基硫化镉研究

1.1.1 硫化镉的基本性能及应用

硫化镉(cadmium sulfide,简称 CdS)是一种典型的半导体材料,相对分子质量为 144.46,熔点为 1 750 ℃,具有轻微毒性,有放射性,溶于酸,轻微溶于氨水,微溶于水和乙醇。CdS 属于 Ⅱ-Ⅵ族化合物半导体,拥有直接宽带隙。室温和 4 K 时体相的带隙(E_g)分别为 2.42 eV 和 2.58 eV[1]。由于 CdS 的 E_g 较大,所以其吸收系数达 $10^4 \sim 10^5$ cm^{-1},能透过大部分可见光,并且当其薄膜厚度小于 100 nm 时,波长小于 500 nm 的光也可以透过[2]。

室温下 CdS 存在两种常见的晶体结构,即六方晶系的纤锌矿结构和立方晶系的闪锌矿结构,如图 1-1 所示[3]。由于晶体结构的配位环境相同且它们的生成自由能非常接近,因此经常出现立方相 CdS 和六方相 CdS 共存的现象。纤锌矿 CdS 属高温相,六方晶系,所属空间群为 P6$_3$mc(186,C$_{6v}^4$)[3]。闪锌矿结构 CdS 属低温相,立方晶系,面心结构,所属空间群为 T$_d^2$-F43 mc[3]。CdS 的立方晶型处于亚稳态,六方晶型的热力学稳定性优于前者。CdS 从立方相转变到六方相需要高温或微波辐射提供能量[4]。

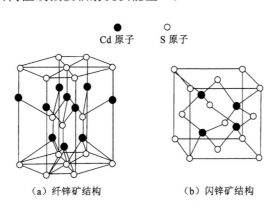

● Cd 原子　○ S 原子

（a）纤锌矿结构　　　（b）闪锌矿结构

图 1-1　CdS 的两种晶体结构

此外,CdS 还具有低功函数、高电子迁移率、高化学和热稳定性等优点,具体的物理性能参数见表 1-1。

表 1-1　300 K 时 CdS 块体材料的物理性能参数

参　　数	值
密度/(g/cm³)	4.83
光学介电常数	8.45
电子有效质量(以 m_e 计)	0.19
激子玻尔半径 a_0/nm	2.06
电子亲和势/(kJ/mol)	432
晶格常数 a/Å	4.300
晶格常数 c/Å	6.714
光子能量/meV	38
带隙/eV	2.42
电子迁移率/[cm²/(V·s)]	300 350
空穴迁移率/[cm²/(V·s)]	1 540
折射率(薄膜厚 1.4 μm)	2.3
熔点/℃	1 750

CdS 作为一种重要的半导体纳米材料,具有优异的光电转换和发光性能,在新型纳米光电器件、光催化剂、太阳能电池、传感器以及光学集成器件和存储器等领域具有非常广阔的应用前景。

(1) 新型纳米光电器件

利用半导体纳米材料构建的新型纳米光电器件,在光、电和磁等方面有着广泛的应用。CdS 纳米材料具有独特的光电特性,如发射光谱窄、性能优异、易获得高的色纯度,而且在可见光段发光连续可调,因此是构建纳米光电器件的理想单元。例如 C. M. Lieber 小组制备了具有优异光学传导性能的单根 CdS 纳米线光电器件(图 1-2),为 CdS 半导体纳米材料在光电子器件上的应用提供了有效途径[5-7]。该课题组在 2003 年通过将单根 CdS 纳米线搭在 P⁺ 型硅衬底上制成了世界上第一个电泵浦纳米线激光器[7]。

因为 CdS 纳米材料具有优异的电荷输运性能,所以可将其制成电致发光器件中的电子传输层。N. D. Kumar 等采用旋涂法将 CdS 纳米材料涂在 PPV(PPV 为聚对苯撑乙烯)薄膜表面,构建了 ITO/PPV/CdS/Al 发光二极管(ITO 为纳米铟锡金属氧化物),其结构和电致发光谱(EL 谱)如图 1-3 所示[8]。在该发光二极管中,CdS 表现出优异的电荷输运能力,PPV 具有很高的发光量子效率。在 10 V 正向偏压下,测得其电流密度高达16 A/cm²。该发光二极管在光通信、信息处理等光电子领域有着巨大的应用价值。L. F. Lin 等通过水热和物理气相沉积两个过程制备出具有独特压电性质的 CdS 纳米线阵列[9]。R-M Ma 等采用单晶 CdS 纳米带制备了高性能的场效应晶体管和肖特基二极管[10]。

(2) 太阳能电池

由于 CdS 的本征吸收峰位于太阳光谱最强烈的区域,其载流子迁移率较高,故光生电子和空穴在其中容易分离,而且其热稳定性良好,因此 CdS 是制备太阳能电池的理想材料,常被用来制作窗口层[11]。CdS 用于制备太阳能电池有两个优点:① CdS 通常为 n 型半导体,因此

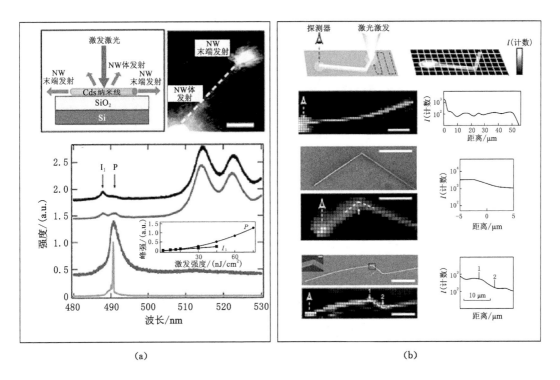

(a)　　　　　　　　　　　　(b)

图 1-2　单根 CdS 纳米线光电器件及其性能测试[5,7]（NW 为纳米线）

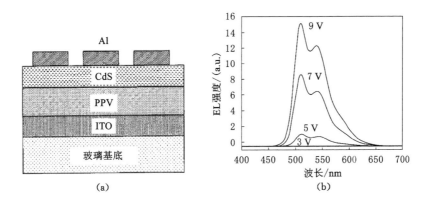

(a)　　　　　　　　　　　　(b)

图 1-3　ITO/PPV/CdS/Al 发光二极管结构和室温下该器件
在不同工作电压下的电致发光谱（EL 谱）

制备的电池结构为异质结型,可以减少表面复合问题,收集效率较高;② CdS 层对能量小于其带隙 2.42 eV 的光是透明的,因此该层可以做得很厚,可有效减小薄层电阻和电池串联电阻,从而降低能量损耗。目前常见的由 CdS 制作窗口层的太阳能电池有 CdS/CdTe 太阳能电池（图 1-4）和 CdS/CIGS 太阳能电池。1993 年,J. Britt 等通过化学溶液生长法和近距离升华法分别制备了 CdS 和 CdTe 薄膜,并测得该 CdS/CdTe 异质结太阳能电池转换效率为 15.8%[12]。目前,实验室内的 CdS/CdTe 太阳能电池的转换效率已达 16.5%[13-14]。此外,目前已被广泛应用的硅太阳能电池存在制作工艺复杂、价格高等问题,而 CdS 异质结太阳能电池具有制作成本低、工艺简单、稳定性好以及易制成大面积器件等优点,成为硅太阳能电池有力的挑战者。

图 1-4　CdS/CdTe 太阳能电池的典型结构示意图[14]

（3）传感器

CdS 纳米晶由于具有高活性、高比表面积以及对光、湿度、温度和气体等环境因素相当敏感等优点,成为制备传感器的理想材料。外界环境的变化会迅速引起 CdS 表面或界面态电子输运的改变,从而导致其电阻值显著变化。基于电阻值变化可制作针对不同环境因素的传感器,而且制备的传感器灵敏度高、响应速度快、选择性好。V. Maheshwari 等将金纳米粒子和 CdS 纳米粒子层埋在聚合物层中,制成一种全新的压力传感器,该传感器对压力变化十分敏感,可分辨 10 kPa 范围内压强的变化(图 1-5,图中 CCD 为电荷耦合器件)[15]。此外,基于此结构构建的传感器在指纹的记录和识别上有着重要的应用前景。S. A. Sayyed 等通过制备 Al/CdS/Al 薄膜三明治结构并研究其电容值与温度特性,进而制成了电容式温度传感器[16]。J. N. Ross 利用 CdS 对光和温度的敏感性制成了 CdS 光传感器和温度传感器[17]。

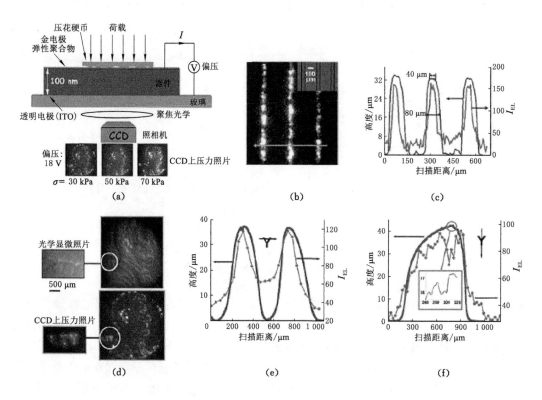

图 1-5　基于 CdS 纳米晶构建的压力传感器[15]

（4）光催化剂

目前光催化剂主要以二氧化钛、铁酸盐和硫化物为主。二氧化钛带隙较宽，光吸收仅在紫外光区，对太阳能的利用十分有限。而 CdS 纳米晶及其掺杂体系的禁带宽度可以从 1.81 eV 连续增至 3.91 eV，光响应从紫外光持续到可见光区，因此在光催化方面具有很好的应用前景。Y. Guo 等成功地将尺寸为 3～6 nm 的 CdS 纳米晶植入到层状金属氢氧化物矩阵中，发现其对罗丹明 B 有极高的紫外光和可见光催化活性[18]。T. Hirai 等采用反向胶束法制备了表面改性后的 CdS/PTU 复合材料，发现其具有良好的光催化活性[19]。T. Kida 等发现 10～20 nm 的 CdS/LaMnO$_3$ 复合物光催化产生的 H$_2$ 活性是 CdS 纳米颗粒的 6 倍，并且产生 H$_2$ 时长可达 200 h[20]，分析认为是 CdS 中的光生电子和空穴可以有效分离所导致。

（5）光学集成器件和存储器

由于 CdS 纳米材料的能带结构会因为尺寸效应发生改变，CdS 纳米材料中载流子的迁移、复合和跃迁过程均异于块体材料，因此具有不同的非线性光学效应。Z. H. Dai 等制备了壳层厚度 5 nm、平均直径 25 nm 以内的 CdS 中空球，发现其具有良好的电致化学发光性能[21]。L. H. Acioli 制备的 CdS$_x$Se$_{1-x}$ 半导体微晶玻璃可用于制备皮秒级的全光学开关[22]。CBD 法制备的 CdS 薄膜具有高载流子迁移率，可用来制备平板显示器和存储器件中的场发射晶体管。

此外，CdS 还是一种优异的光敏电阻材料，在无光照时电阻值很大，但是在特定波长（能量需大于其带隙能）的光照下，CdS 价带上的电子吸收足够光子能量后可以跃入导带，电阻值明显减小。利用此效应，CdS 薄膜可用作制备紫光和紫外光电探测器。CdS 纳米材料在低端数据存储器、电子书架编码器等方面也有潜在应用。

1.1.2 Si 基 CdS 材料及器件

关于 Si 基 CdS 材料的研究，早期主要集中于对单晶 Si 上生长 CdS 薄膜的研究[23-24]。S. Seto 等在氢钝化的 Si(111) 基底上在垂直（0°）和偏离竖直 3°的方向（3°）上生长了六方 CdS 外延薄膜，发现 3°生长的 CdS 外延薄膜晶体质量较高[25]。此外，他们还研究了 CdS 外延薄膜的低温光致发光特性，观测到在六方外延薄膜中由于晶格失配而普遍存在的"Y-线"现象[26]。B. Ullrich 等通过在氢钝化处理后的 Si 片上生长 CdS 薄膜构建了 CdS/p-Si:H 异质结，发现钝化后不但在蓝光和绿光区有光谱响应，而且在红光和红外光区也有光谱响应[27]。F. M. Livingstone 等在超高真空环境中采用电子束蒸发的方法在纯净的 Si 基底上生长了 CdS 外延薄膜，发现基底 Si 的取向和温度对 CdS 薄膜的电阻率有显著影响。在 340 ℃的 Si(111) 上生长的 CdS 为外延膜，电阻率为 20 Ω·cm，但是基底 Si 温度小于 300 ℃时得到的多晶薄膜，电阻率范围为 10～300 Ω·cm，并且由于缺陷的存在使得多晶膜的光谱响应范围拓宽[28]。此外，他们还采用在 Si(111) 上生长的 CdS 外延薄膜构建了 Al/Cr/CdS/Si/Al 异质结太阳能电池，发现尽管通过改变基底 Si 的电阻率可以不同程度提高太阳能电池器件的转换效率，但是由于 CdS 薄膜电阻率很高，严重阻碍器件转换效率的进一步提高。他们认为采用合适的方法（如 MBE）制备高质量的 CdS 外延薄膜可以使 CdS/Si 太阳能电池的转换效率超过 10%[29]。A. G. Rokakh 等通过在电阻率为 1.21 Ω·cm 的 p 型(111)单晶硅片上生长的 CdS 薄膜构建了 In/CdS/Si/Ni 异质结，发现其具有良好的整流特性，该异质结在 1.5 V 正向电压下的整流因子高达 800～1 000。此外,还对该异质结的电学参数和能带结构进行了详细分析[23],其伏安特性满足 $I = I_s \exp(qu/\eta kT)$,其中 $\eta = 7$。分析认为,这么高的理想因子主要是 CdS 中的缺陷态对自由电子的捕获效应所导致。通过测试 8 000 Hz 下的电压-电容特性得到 CdS 和 Si 中的施主浓度分别为 1.55×10^{14} cm^{-3} 和 1.04×10^{16} cm^{-3}。通过安德森公式计算得到该异质结中 CdS 和 Si 的电子亲和势分别为 4.5 eV 和 4.01 eV。空间电荷区在 CdS 和 Si 中的厚度分别为 0.83 μm 和 1.23×10^{-2} μm。结合成异质结后两者导带和价带的偏差分别为 0.49 eV 和 1.77 eV。M. T. Brian 通过热蒸发 CdS 薄膜在单晶 Si 上制备了宽带隙共发射极晶体管,发现通过非外延生长的 CdS/Si 晶体管也可以得到高增益。其分析认为器件的共发射电流主要来自界面传输和复合电流,但是共发射电流增益受 CdS 薄膜电阻率影响严重[24]。A. B. Bhattacharyya 等在 CdS/Si 中引入 SiO$_2$,有效地改善了 CdS/Si 异质结的 I-U 特性,反向击穿电压明显增大[30]。C. Coluzza 等通过采用真空沉积技术在单晶硅上沉积 n-CdS 薄膜制备了 n-CdS/p-Si 异质结,测试其变温 I-U 曲线发现隧穿为其主要传导机制,并且认为 CdS(0001) 与 Si(111) 高达 7% 的晶格失配严重阻碍了其异质结太阳能电池转换效率的提高[31]。M. E. Moussa 等制备了 n-CdS(In)/p-Si 异质结太阳能电池,发现 CdS 层厚度和 In 与 CdS 物质的量比值对器件性能具有重要影响[32]。

随着纳米技术的发展,纳米材料科学不断进步,半导体纳米材料的制备和性能研究备受关注。Si 和 CdS 作为半导体材料的重要成员,它们自身的以及两者复合后 Si/CdS 纳米器件的新制备方法不断涌现,新的性能也不断被发现。例如,E. Z. Liang 等通过在 Si 基底上旋涂 CdS 纳米颗粒和 CdS:Mn 纳米颗粒制备了 CdS/Si 电致发光器件,发现采用有机物对 CdS 纳米颗粒钝化后,EL 发射峰"红移"了 86 meV[33]。W. F. Liu 等通过物理沉积技术在 Si 基底上制备了大尺寸的单晶 CdS 纳米带,并研究其光致发光(PL)性能。发现其 PL 为绿光和红光双峰发射,峰位分别约位于 517 nm 和 735 nm。通过 X 射线光电子能谱确认红光来自 S 空位[34]。S. K. J. Al-Ani 等采用热扩散技术制备了 CdS:In/Si 异质结太阳能电池,得到 In 掺杂量为 8%、扩散温度为 300 ℃ 时的电池转换效率最高的结论[35]。此外,他们还采用相同方法制备了 CdS:In/Si 异质结光电探测器,发现掺杂 In 后器件响应明显加快[36]。X. L. Fu 等采用一步热蒸发的方法制备了直径为 100 nm、长数百微米的同轴 CdS/Si 纳米管异质结,其中核为六方 CdS,鞘为非晶 Si,发现其具有良好的光致发光性能。其室温 PL 谱有约位于 510 nm 和 590 nm 的两个发射峰,分别来自 CdS 和 Si[37-38]。他们认为这种简单的制备方法将在多功能纳米器件的制备中占据重要地位。A. R. Ismail 等首次通过喷雾热解法制备了 CdS/Si 异质结太阳能电池,发现其具有良好的光电性能[39]。D. Kaushik 等采用旋涂法分别在石英玻璃、ITO 玻璃和 Si 基底上制备了 CdS 纳米颗粒,发现 Si 基底对 CdS 纳米颗粒的光致发光性能有增强作用[40]。X. L. Tong 等采用脉冲激光沉积技术(PLD)在 Si(111) 上制备了质量优异的 CdS 薄膜[41]。A. M. Mousa 等采用 CBD 法制备了 CdS/Si 异质结,发现其具有良好的整流特性、高谱响应灵敏度(0.41 A/W)、高量子产率(90%)[42-43]。S. Manna 等采用脉冲激光沉积技术在 Si 纳米线上制备了同轴 CdS/Si 异质结纳米线,发现室温下该异质结具有高光响应灵敏度(1.37 A/W),在 -1 V 电压下的探测率为 4.39×10^{11} cm·Hz$^{1/2}$/W[44]。W. L. Feng 等通过在珊瑚状 Si 纳米结构上生长 CdS 量子点制备了 CdS/Si 异质结太阳能电池,发现其发光效率比单晶 Si 器件高 22.6%[45]。G. Murali 等在 Si

基底上制备了类似花状的 CdS 微米/纳米结构,研究了其形成机制和光致发光性能[46]。

综上所述,Si 基 CdS 在制备和应用过程中主要存在下列问题:

(1) 由于 CdS 与 Si 之间存在较大的晶格失配(约 7%)和热失配,严重阻碍高质量 Si 基 CdS 器件的制备。

(2) 单晶 Si 自身的特性,如间接带隙、发光效率低、禁带宽度窄等,阻碍 Si 基 CdS 光电器件性能的进一步提升。

然而,采用纳米技术不仅可以使 CdS/Si 形成高质量的异质界面,还能利用纳米材料自身的特性制备高性能的 CdS/Si 纳米异质结器件。研究表明,通过形成 Si 的纳米结构(如多孔 Si、Si 纳米孔柱阵列等),可将 Si 的间接带隙转变成直接或准直接带隙,大大增加激子发光概率,室温下可获得强的可见光发射[47-52],从而扩大了 Si 在光电子器件领域的应用范围。

1.2 Si-NPA

众所周知,半导体材料硅,因为其具有自然界中含量高(占 25.7%)、较高的热导率、较小的膨胀系数、较高的抗屈服强度、工作温度范围大且在其表面易形成稳定的氧化膜等优点,其成为当今信息产业中最重要和最广泛应用的材料。然而,硅是一种间接带隙的半导体材料(发光需要声子参与),禁带宽度为 1.12 eV,仅能发出微弱的红外光,且效率极低(约 10^{-6}),所以很难成为核心光电子器件的发光材料。由于纳米技术的迅速发展,众多的 Si 纳米材料被制备出来。由于尺寸效应,其拥有许多异于体材料 Si 的光电性能。例如,1990 年英国科学家 L. Canham 制备了多孔硅(PS-Si),发现其可以发出强烈的可见光,并且由间接带隙变为直接带隙,带隙范围为 1.6~5.0 eV[53]。纳米 Si 材料具有优异光电性能,从而扩大了 Si 在光电子器件领域的应用范围[47-52]。因此,人们对纳米 Si 材料和 Si 基纳米器件的研究产生了极大兴趣[54-57]。

本课题组采用水热腐蚀方法制备的硅纳米孔柱阵列(silicon nanoporous pillar array,简称 Si-NPA),是一种微米/纳米量级的多孔结构。室温下,其具有强的可见光致发光(PL),在可见光范围内的平均积分反射率小于 2%[49]。这些研究结果均表明,Si-NPA 可作为一种优异的功能性衬底应用于光电器件中[12,58-60]。此外,在 Si-NPA 衬底上复合各种半导体纳米材料所构建的复合体系将呈更多新颖的光电性能。

相关文献[49,58]已详细报道了采用水热技术制备 Si-NPA 的过程。其中硅片选用重掺杂 P 型(111)取向单面抛光的单晶硅片(掺杂浓度为 $10^{18}\sim10^{19}$ cm^{-3},电阻率为 $7\times10^{-3}\sim8\times10^{-3}$ Ω·cm。反应腐蚀液由氢氟酸和九水合硝酸铁按一定比例组成,反应釜容量为 65 mL,填充度约 83%,反应温度为 140 ℃。

具体制备过程如下[60]:

(1) 硅片清洗。将根据需要提前切割好的单晶 Si 片先用酒精浸泡一定时间,去除其表面附着的有机污染物,再根据标准的 RCA 清洗流程对硅片进行清洗。

(2) 硅片腐蚀。将清洗后的硅片固定在用聚四氟乙烯制成的样品架上,竖直放入盛有腐蚀液的水热反应釜中,然后置入干燥箱内并升温至 140 ℃,保温一定时间,反应后冷却至室温,取出 Si-NPA,用一定温度的去离子水将其反复冲洗干净之后自然晾干备用。

图 1-6 为 Si-NPA 样品的 FE-SEM 图。由图 1-6(a)和图 1-6(b)可见,微米级的 Si 柱(平均高度约 3 μm)均匀分布,且垂直生长在 Si 片表面,构成了规则的阵列结构,大幅降低了光反射。从图 1-6(c)可以看到均匀的多孔结构。图 1-6(d)为被剥离 Si 柱边缘的 HR-TEM 图,如图所示,Si 柱是由大量的 SiO_x 包裹的纳米 Si 晶组成的。其中,深色的斑点为纳米 Si 晶,颜色稍浅的为 SiO_x。通过对多个区域内纳米 Si 晶尺寸的统计得到其平均尺寸约为 2.82 nm,如图 1-6(f)所示。图 1-6(e)为图 1-6(d)中单个纳米 Si 晶的 HR-TEM 图,晶格条纹清晰可见。经测量和计算,晶面间距约 0.16 nm,对应于 Si(311)晶面。因此,Si-NPA 的整体结构可归纳为:(1)微米级的 Si 柱形成规则的阵列结构,垂直生长于 Si 片的多孔层上,柱高约 3 μm。(2)Si 柱及底部多孔层均由大量非晶 SiO_x 包裹的纳米 Si 晶组成。这种结构大幅降低了光反射,提高了光吸收,是制作半导体光电器件的优异功能性衬底[58,61],应用在太阳能电池中可以避免通常太阳能电池工艺中所需要专门设计陷光结构的流程。

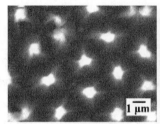
（a）FE-SEM 俯视图

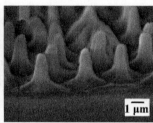
（b）FE-SEM 侧视图

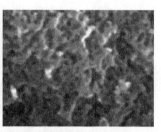
（c）Si柱被剥离后位于单晶Si上的多孔层的FE-SEM图

（d）被剥离Si柱边缘的HR-TEM图

（e）单个纳米Si晶的HR-TEM图

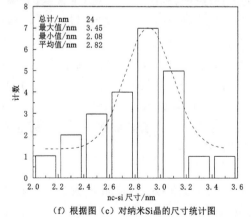
（f）根据图（c）对纳米Si晶的尺寸统计图

图 1-6　Si-NPA 样品的形貌图

　　图 1-7 是 Si-NPA 样品的 X 射线衍射(XRD)图谱。XRD 分析技术是鉴定物相组成和结晶状况的重要分析方法。当原子在空间呈周期性排列时,散射光线相干叠加满足布拉格方程,出现极大衍射峰;非晶或者微晶不会出现类似晶体的明显峰位,但是因为其短程有序,依然可以在较低的衍射角度范围内出现具有择优的衍射极大现象,此时就会在 XRD 图谱上出现非晶包[62]。图中共出现 3 个衍射峰,分别为 20°～30°处的衍射包、56.4°处的强衍射峰和 59.4°处的弱衍射峰。经文献证实,20°～30°处的衍射包为非晶 SiOₓ的衍射峰[63]。由于新制备的 Si-NPA 非常容易被氧化,含氧量会随着存放时间的增加快速增加,所以 XRD 图谱中会出现 SiO_x 的衍射峰。56.4°处的强衍射峰对应 Si(311)的晶面特征衍射峰,与 HR-TEM 结果一致。59.4°处的弱衍射峰同样来自 Si,说明经过水热腐蚀所制备的 Si-NPA 的成分依然为硅。相对于单晶 Si[64],Si-NPA 样品的 XRD 图谱出现宽化现象,说明 Si-NPA 的表面存在大量纳米级超微颗粒。根据 XRD 图谱中主衍射峰的衍射峰位和半高宽,利用谢勒公式[65]对 Si-NPA 表面的纳米颗粒尺寸进行估算:

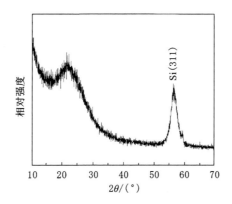

图 1-7　Si-NPA 样品的 XRD 图谱

$$D = \frac{k\lambda}{\beta\cos\theta} \tag{1-1}$$

式中,D 为 Si-NPA 表面的纳米晶粒的平均尺寸;k 为常数,取 0.89;λ 为 XRD 测试仪器的波长,取 1.540 6 Å;θ 为衍射角;β 为对应衍射峰的半高宽。

　　计算得到平均尺寸约为 3.2 nm,与 HR-TEM 测试结果相近。

　　基于 Si-NPA 的特殊形貌和结构,实验组深入、细致地研究了其光学性能和电学性能。

　　(1)光学性能:① Z. G. Hu 等发现新制备的 Si-NPA 室温下为三峰发射(420 nm、640 nm 和 705 nm),其光致发光(PL)图谱和倒置荧光照片如图 1-8 所示[66]。并给出其发光来源:420 nm 的蓝光是纳米晶硅(nc-Si)存在的量子限域效应造成的,而 640 nm 和 705 nm 的双红光则是 nc-Si 及其外面包裹的 SiO_x 层共同存在而产生的量子限域/发光中心效应导致的。② Si-NPA 微米/纳米量级的多孔结构极大降低了对光的反射率(Si-NPA 在可见光区的平均积分反射率小于 2%)。这种高光吸收特性有利于提高太阳能电池的光电转换效率,因此 Si-NPA 在太阳能电池领域有着广阔的应用前景。

　　(2)电学性能:对 Si-NPA 的 R-T 关系和 I-U 特性曲线观察发现,Si-NPA 和 sc-Si 层以及金属电极和 Si-NPA 层之间均为良好的欧姆接触[49]。Z. G. Hu 等研究了 Si-NPA 的表面光电压特性,结果表明,Si-NPA 在波长为 300～580 nm 范围内具有显著的表面光电压特性[66-67]。

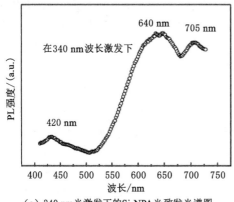 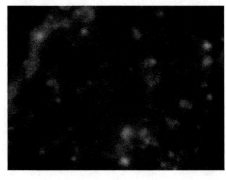

（a）340 nm光激发下的Si-NPA光致发光谱图　　　（b）380 nm光激发下的Si-NPA表面层的倒置荧光图

图 1-8　340 nm 光激发下的 Si-NPA 光致发光谱图和 380 nm 光激发下的
Si-NPA 表面层的倒置荧光图[49]

这些特殊的光电特性表明 Si-NPA 可用以制备 Si 基纳米光电器件的功能性衬底或模板。

1.3　CdS/Si-NPA

1.3.1　CdS/Si-NPA 形貌与结构

　　基于 CdS 和 Si-NPA 优异的光电性能,本实验组将 CdS 生长于 Si-NPA 上制备了 CdS/Si-NPA 异质结器件,并深入、细致地研究了其形貌、结构特征及其光电特性。L. J. Xu 和 X. Y. Li 等分别采用原位多相化学反应技术和化学水浴沉积技术制备了 CdS/Si-NPA,并通过改变制备条件实现对 CdS/Si-NPA 表面形貌和微观结构的有效调控。H. J. Xu 等通过高分辨透射电镜(HR-TEM)证实采用多相化学反应技术制的 CdS/Si-NPA 为核壳结构,Si-NPA 为核,CdS 为壳,如图 1-9 所示[57]。

　　X. Y. Li 等通过 HR-TEM 证实采用化学水浴法(CBD 法)制备的 CdS/Si-NPA 为非传统的多界面异质结,如图 1-10 所示。其具体空间结构:上层是单晶 CdS 及其团聚体所形成的连续薄膜;中间层是 nc-CdS 和 nc-Si 相互交叠构成的多界面异质结;下层是单晶硅衬底及生长于其上的多孔硅层[68]。此外,通过 XRD 分析得到这两种方法制备的 CdS 薄膜均为六方结构,如图 1-10(c)所示。

1.3.2　CdS/Si-NPA 物理性能

　　C. He 等发现采用 CBD 法制备的 CdS/Si-NPA 依然保持了 Si-NPA 的规则阵列结构,因此 CdS/Si-NPA 同样具有良好的光吸收特性,如图 1-11 所示[69]。可见,CdS/Si-NPA 作为太阳能电池材料在光吸收方面具有巨大的优势。

　　H. J. Xu 等采用原位多相生长技术制备得到的 CdS/Si-NPA 具有较强的三原色(420 nm、520 nm 和 745 nm)光发射[图 1-12(a)][57]和良好的整流特性[图 1-12(b)][61],使实现 Si 基全固态白光发射器件成为可能。

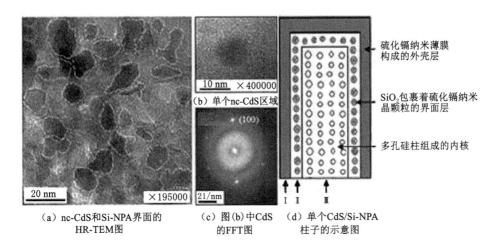

（a）nc-CdS和Si-NPA界面的　　　　（b）图（b）中CdS　　　（d）单个CdS/Si-NPA
　　HR-TEM图　　　　　　　　　　的FFT图　　　　　　　柱子的示意图

图 1-9　CdS/Si-NPA 核壳结构[58]

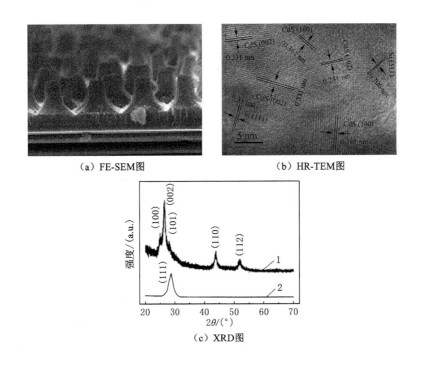

（a）FE-SEM图　　　　　　　　　　　（b）HR-TEM图

（c）XRD图

1—CdS/Si-NPA；2—Si-NPA。

图 1-10　CdS/Si-NPA 的 FE-SEM 图、HR-TEM 图和 XRD 图

　　Y. Li 等采用 CBD 技术在 Si-NPA 上制备了 CdS 纳米薄膜,得到色坐标为(0.29,0.36)、色温为 8 226 K、显色指数为 66.0 的白光 PL 发射,其中 442 nm 的蓝光来自衬底 Si-NA,533 nm 的绿光和 730 nm 的红光均来自 CdS[68]。此外,他通过变温 PL 谱研究了 CdS/Si-NPA 内部载流子的非辐射复合过程,最终认为绿光峰在低温和高温下的非辐射复合过程分别为重轻空穴的跃迁和 LO 声子被缺陷态散射所产生的热逃逸。

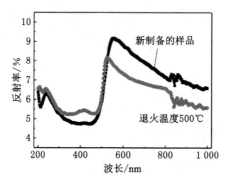

图 1-11　CdS/Si-NPA 退火前和 500 ℃退火后的积分反射谱

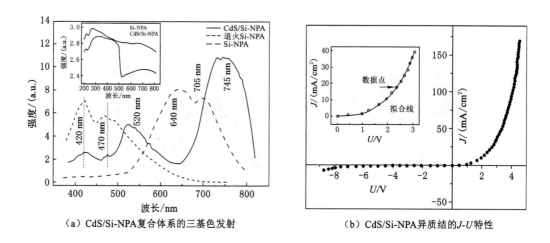

（a）CdS/Si-NPA复合体系的三基色发射　　　　（b）CdS/Si-NPA异质结的J-U特性

图 1-12　CdS/Si-NPA 复合体系的三基色发射[58]和 CdS/Si-NPA 异质结的 J-U 特性[62]

1.3.3　CdS/Si-NPA 光电器件

　　Y. Li 等通过控制 CdS/Si-NPA 的退火条件得到了色坐标、色温和显色指数可调的 CdS/Si-NPA 白光 EL 发射。但是,由于 CdS 薄膜与 Si-NPA 衬底之间存在的晶格失配以及在沉积 CdS 薄膜时形成的大量缺陷,如 S 空位(V_S)、Cd 间隙(I_{Cd})、Cd 空位(V_{Cd})和 I_{Cd}-V_{Cd} 复合缺陷,使得异质结构阵列中存在大量的缺陷态,导致其发光效率和发光强度都很低[68]。

　　C. He 等利用 Si-NPA 优异的减反射特性制成了 CdS/Si-NPA 异质结器件,发现其具有明显的光伏效应(图 1-13)[69],这为制备新型硅基纳米异质结太阳能电池提供了设计思想。但是其光电转换效率极低,初步分析认为主要是因为 CdS 的高电阻造成器件的串联电阻过高,从而导致短路电流很低。

　　Y. Li 等通过优化制备条件,在界面处嵌入单质 Cd,大大降低了 CdS/Si-NPA 异质结太阳能电池的串联电阻,并将其能量转换效率提高到 6.1×10^{-4}[70]。

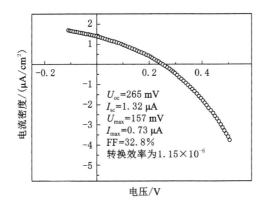

图 1-13　CdS/Si-NPA 的光伏特性[70]

1.3.4　存在的问题

由本课题组之前的研究可知,CdS/Si-NPA 可实现三基色发光,具有整流效应和光伏性能,是一种应用前景很好的 Si 基纳米光电器件。但是,CdS/Si-NPA 纳米异质结目前还存在较多问题。尤其是在对 CdS/Si-NPA 纳米异质结体系光伏性能的研究中,发现其串联电阻非常高(107.7 kΩ)、短路电流很小(1.32 μA)和能量转化效率极低($1.15×10^{-6}$)。之前,虽然 Y. Li 发现采用 CBD 法在 Si-NPA 上制备 CdS 时,由于 Si-NPA 的还原性会在界面处引入 Cd 单质,并且 Cd 单质的嵌入可以提高 CdS/Si-NPA 的光电转化效率。但是 Cd 的嵌入是随机的,不具备普遍性,而且 Si-NPA 的还原性受环境影响较大,新制备的 Si-NPA 在空气中很容易被氧化[71],纳米 Si 晶将被 SiO_x 包裹,与 Cd 的接触面面积急剧减小。同时,由于 CBD 混合溶液呈碱性,Cd 单质在其中容易与 OH^- 反应最终生成 CdO,CdO 的生成对于 CdS 薄膜光电性能和光伏性能的改善都是无益的。通过对之前工作的深入分析发现 CdS 薄膜本身的光电性能严重影响 CdS/Si-NPA 异质结器件的性能。因此,急需寻找合适的方法从根本上改善 CdS 薄膜的光电性能,从而提升 CdS/Si-NPA 异质结的光电性能。

但是本征 CdS 薄膜的电阻值高达 $10^5 \sim 10^6$ Ω·cm,并且研究发现仅通过改变实验条件从而降低其电阻率是很困难的,然而合理掺杂可以有效降低其电阻率,改善其光电性能。例如,J. S. Cruz 等采用 CBD 法在反应物中添加相应金属盐,制备了 Zn 微量杂质掺杂的 CdS 薄膜,发现 Zn 掺杂的 CdS 薄膜的光学带隙增加、晶粒尺寸减小、电阻率降低。其中,掺杂 1% Zn 的 CdS 薄膜电阻率降低至 80 Ω·cm[72]。J. H. Lee 课题组采用 CBD 法在玻璃衬底上制备了掺杂 B 的 CdS 薄膜,发现掺入 B 后 CdS 薄膜的电阻率显著降低了,且合适的掺杂量(H_3BO_3 与 $CdAc_2$ 的物质的量浓度比为 0.01)时电阻率最低为 2 Ω·cm[73]。K. Matsune 等采用 CBD 方法制备了 Ge、In、Zn 和 Sn 掺杂的 CdS 薄膜,并将这些薄膜与 CdTe 结合构建了异质结太阳能电池,测得其转换效率分别为 14.2%、13.8%、14.4% 和 15.1%,都高于未掺杂的样品(13.3%)[74]。因此,采用元素掺杂的方法对 CdS 薄膜进行改性是提高 CdS/Si-NPA 异质结光电性能的有效途径。

1.4　本课题的研究思路及主要研究内容

本课题针对 CdS/Si-NPA 出现的诸多问题,采用掺杂ⅢA族元素的方法来进一步提升 CdS/Si-NPA 异质结器件的光电性能。采用 CBD 法和连续离子层吸附与反应法(SILAR)在功能性衬底 Si-NPA 上制备了掺杂ⅢA族元素 B、Al 和 In 的 CdS/Si-NPA,并深入、细致地研究了掺杂ⅢA族元素对 CdS/Si-NPA 的形貌、结构以及光电特性的影响。主要研究内容包括:

(1) 掺杂ⅢA族元素 CdS/Si-NPA 的可控制备。首先研究 CBD 法和 SILAR 法制备条件对 CdS/Si-NPA 形貌和结构的影响,进而得到两种方法最佳的制备条件。之后,采用最佳的 CBD 和 SILAR 条件制备了直接掺杂 B(CBD)、Al(CBD)和 In(SILAR)元素的 CdS/Si-NPA。通过改变掺杂量来调控 CdS/Si-NPA 的微观形貌,分析研究掺杂量对 CdS/Si-NPA 形貌和结构的影响。

(2) 掺杂ⅢA族元素 CdS/Si-NPA 的物理性能。对掺杂ⅢA族元素 CdS/Si-NPA 的光吸收、光致发光和电阻率等进行测试。分析对比了未掺杂和掺杂 CdS/Si-NPA 的光吸收谱和室温、变温 PL 谱,研究了吸收边(带隙)的变化原因,确定了蓝光、绿光、红光和红外光的来源。发现掺杂不同元素和同种元素不同量都对其 PL 谱性能有重要影响,会引起红光和红外光的湮灭。根据峰位和峰强随温度的变化,确认了各发射峰的起源和相关的非辐射复合过程。测试了掺杂前后 CdS/Si-NPA 的电阻率和电流-电压关系,分析了电阻率变化的原因和正向电压下电子的传输机制。

(3) 掺杂ⅢA族元素 CdS/Si-NPA 纳米异质结的电致发光性能。研究了正向偏压下,未掺杂和掺杂 CdS/Si-NPA 的电致发光特性。掺杂不同元素和同种元素不同量都会改变 CdS/Si-NPA 电致发光(EL)谱中发射峰的种类、峰位和峰强。适量的掺杂可能实现白光 EL 发射。通过对 EL 谱的高斯拟合,讨论了蓝光、绿光、红光以及红外光的起源。

(4) 掺杂ⅢA族元素 CdS/Si-NPA 纳米异质结的光伏性能。通过对此异质结光照 J-U 曲线的测试,发现其光伏性能提升对元素和元素掺杂浓度具有选择性。B 和 Al 的掺入会有效降低器件的串联电阻,增大其短路电流密度,提高光电转换效率,但是 In 的掺入对器件效率的提高不明显。同时分析了它们对器件性能影响的原因。

参　考　文　献

[1] PÄSSLER R. Parameter sets due to fittings of the temperature dependencies of fundamental bandgaps in semiconductors[J]. Physica status solidi (b), 1999, 216(2): 975-1007.

[2] 李倩. 电化学沉积法制备 CdTe/CdS 薄膜太阳能电池及性能研究[D]. 吉林:吉林大学,2014.

[3] 李志国. CdS 纳米晶的分子簇直接热解法制备及其结构与性能[D]. 哈尔滨:哈尔滨工业大学,2009.

[4] 曹洁明,房宝青,刘劲松,等. 微波固相反应制备 CdS 纳米粒子[J]. 无机化学学报,2005, 21(1):105-108.

[5] AGARWAL R,BARRELET C J,LIEBER CM. Lasing in single cadmium sulfide nanowire optical cavities[J]. Nano letters,2005,5(5):917-920.

[6] BARRELET C J,GREYTAK A B,LIEBER CM. Nanowire photonic circuit elements [J]. Nano letters,2004,4(10):1981-1985.

[7] DUAN X F,HUANG Y,AGARWALR,et al. Single-nanowire electrically driven lasers [J]. Nature,2003,421(6920):241-245.

[8] KUMAR N D,JOSHI M P,FRIEND CS,et al. Organic － inorganic heterojunction light emitting diodes based on poly(p-phenylene vinylene)/cadmium sulfide thin films [J]. Applied physics letters,1997,71(10):1388-1390.

[9] LIN Y F,SONG J H,DINGY,et al. Piezoelectric nanogenerator using CdS nanowires [J]. Applied physics letters,2008,92(2):022105.

[10] MA R-M,DAI L,QIN G G. High-performance nano-Schottky diodes and nano-MES-FETs made on single CdS nanobelts[J]. Nano letters,2007,7(4):868-873.

[11] 蔡亚平,李卫,冯良桓,等. 化学水浴法制备大面积 CdS 薄膜及其光伏应用[J]. 物理学报,2009,58(1):438-443.

[12] BRITT J,FEREKIDESC. Thin-film CdS/CdTe solar cell with 15.8% efficiency[J]. Applied physics letters,1993,62(22):2851-2852.

[13] WU X,KEANE J,DHERE R G,et al. 16.5%-efficientCdS/CdTe polycrystalline thin-film solar cell[J]//Proceedings of the 17th European photovoltaic solar energy conference. London:James & James Ltd. ,2001.

[14] MORALES-ACEVEDOA. Thin film CdS/CdTe solar cells:Research perspectives[J]. Solar energy,2006,80(6):675-681.

[15] MAHESHWARIV. High-resolution thin-film device to sense texture by touch[J]. Science,2006,312(5779):1501-1504.

[16] IYYER S B,SAYYED S A,BHAND G R. A study of vacuum evaporated Al/Cds/Al thin film sandwich structure as capacitive type temperature transducer［C］//AIP Conference Proceedings. ［S. l. ］:［s. n. ］,2012:203-205.

[17] ROSS JN. Thick-film photosensors[J]. Measurement science and technology,1995,6 (4):405-409.

[18] GUO Y,ZHANG H,WANGY,et al. Controlled growth and photocatalytic properties ofCdS nanocrystals implanted in layered metal hydroxide matrixes[J]. The journal of physical chemistry. B,2005,109(46):21602-21607.

[19] HIRAI T,MIYAMOTO M,WATANABET,et al. Effects of thiols on photocatalytic properties of nano-CdS-polythiourethane composite particles[J]. Journal of chemical engineering of Japan,1998,31(6):1003-1006.

[20] KIDA T,GUAN G Q,MINAMIY,et al. Photocatalytic hydrogen production from water over a LaMnO$_3$/CdS nanocomposite prepared by the reverse micelle method [J]. Journal of materials chemistry,2003,13(5):1186-1191.

[21] DAI Z H,ZHANG J,BAO JC,et al. Facile synthesis of high-quality nano-sized CdS

hollow spheres and their application in electrogenerated chemiluminescence sensing [J]. Journal of materials chemistry,2007,17(11):1087-1093.

[22] ACIOLI L H,GOMES A S L,HICKMANN JM,et al. Femtosecond dynamics of semiconductor-doped glasses using a new source of incoherent light[J]. Applied physics letters,1990,56(23):2279-2281.

[23] ROKAKH A G,TSUKERMAN NM. Electrical and photoelectric characteristics of A p-Si-n-CdS heterojunction[J]. Soviet physics journal,1971,14(10):1443-1444.

[24] BRIAN MT. CdS-Si wide-band-gap emitter transistors[J]. Journal of physics D: applied physics,1975,8(5):543-550.

[25] SETO S,NOSHO Y,KOUSHOT,et al. Epitaxial growth of hexagonal CdS films on hydrogen-terminated Si (111) substrates[J]. Japanese journal of applied physics, 2003,42(10A):1123-1125.

[26] SETO S, KURODA T, SUZUKIK. Defect-related emission in CdS films grown directly on hydrogen-terminated Si (111) substrates[J]. Physica status solidi (c), 2006,3(4):803-806.

[27] ULLRICH B,LÖHER T,SEGAWAY,et al. The influence of hydrogen passivation of silicon on the photocurrent of CdS/Si heterodiodes[J]. Materials science and engineering:B,1999,65(3):150-152.

[28] LIVINGSTONE F M,DUNCAN W,BAIRDT. Structural and transport properties of CdS films grown on Si substrates[J]. Journal of applied physics, 1977, 48 (9): 3807-3812.

[29] LIVINGSTONE F M,TSANG W M,BARLOW AJ,et al. Si/CdS heterojunction solar cells[J]. Journal of physics D:applied physics,1977,10(14):1959-1963.

[30] BHATTACHARYYA A B, NAHAR R K, NAGCHOUDHURID, et al. Electrical properties of CdS-SiO₂-Si structures[J]. Journal of applied physics, 1979, 50 (1): 390-393.

[31] COLUZZA C,GAROZZO M,MALETTAG,et al. N-CdS/p-Si heterojunction solar cells[J]. Applied physics letters,1980,37(6):569-572.

[32] MOUSSA M E,FETEHA M Y, HASSAN M FM. Gamma irradiated CdS(In)/p-Si heterojunction solar cell[J]. Renewable energy,2001,23(3/4):361-367.

[33] LIANG E Z,LIN C F,SHIH S M,et al. Electroluminescence and Spectral Shift of CdS Nanoparticles on Si Wafer[C]. Nanotechnology,2001. IEEE-NANO 2001. Proceedings of the 2001 1st IEEE Conference on, Cambridg: Cambridge University Press:2002:363-367.

[34] LIU W F,JIA C,JIN CG,et al. Growth mechanism and photoluminescence of CdS nanobelts on Si substrate[J]. Journal of crystal growth,2004,269(2-4):304-309.

[35] AL-ANI S K,ISMAIL R A,AL-TA'AY H F. Characterization of CdS:In/Si Heterojunction Solar Cells[J]. Iraqi journal of applied physics,2005(2):13-17.

[36] AL-ANI S K J,ISMAIL R A,AL-TA'AY H F A. Optoelectronic properties n:CdS:

In/p-Si heterojunction photodetector[J]. Journal of materials science: materials in e-lectronics,2006,17(10):819-824.

[37] FU X L,MA Y J,LI PG,et al. Fabrication of CdS/Si nanocable heterostructures by one-step thermal evaporation[J]. Applied physics letters,2005,86(14):143102.

[38] FU X L,LI L H,TANG WH. Preparation and characterization of CdS/Si coaxial nanowires[J]. Solid state communications,2006,138(3):139-142.

[39] ISMAIL A R,SAMARAI A,et al. p-CdS/n-Si Anisotype Heterojunction solar cells wih Efficiency of 6.4%[J]. Qatar university science journal,2005,25:31-39.

[40] KAUSHIK D,SINGH R R,SHARMAM,et al. A study of size dependent structure, morphology and luminescence behavior of CdS films on Si substrate[J]. Thin solid films,2007,515(18):7070-7079.

[41] TONG X L,JIANG D S,YAN QY,et al. Deposition of CdS thin films onto Si(111) substrate by PLD with femtosecond pulse[J]. Vacuum,2008,82(12):1411-1414.

[42] AL-JAWAD S M H,HAIDER A J,MOUSA A M. Preparation and characterization of nanostructure high efficient CdS/Si hetrojunction by CBD[J]. Iraqi journal of physics,2009,7(8):113-122.

[43] AL-JAWAD S M H,HAIDER A J,MOUSA A M. Performance of a Nano CdS/Si Hetrojunction Deposited by CBD[J]. Journal of Materials Science & Engineering A, 2011,1(1):111-115.

[44] MANNA S,DAS S,MONDAL SP,et al. High efficiency Si/CdS radial nanowireheterojunction photodetectors using etched Si nanowire templates[J]. The journal of physical chemistry C,2012,116(12):7126-7133.

[45] FENG W L,WANG Y W,LIUJ,et al. Polycrystalline Si nanocorals/CdS quantum dots composited solar cell with efficient light harvesting and surface passivation[J]. Chemical physics letters,2014,608:314-318.

[46] MURALI G,AMARANATHA REDDY D,SAMBASIVAMS,et al. CdS microflowers and interpenetrated nanorods grown on Si substrate:Structural,optical properties and growth mechanism[J]. Materials chemistry and physics,2014,146(3):399-405.

[47] SONG T,LEE S T,SUN BQ. Silicon nanowires for photovoltaic applications: The progress and challenge[J]. Nano energy,2012,1(5):654-673.

[48] PENG K Q,LEE ST. Silicon nanowires for photovoltaic solar energy conversion[J]. Advanced materials,2011,23(2):198-215.

[49] XU H J,LI XJ. Silicon nanoporous pillar array: a silicon hierarchical structure with high light absorption and triple-band photoluminescence[J]. Optics express,2008,16 (5):2933-2941.

[50] LIU J,ZHANG X,ASHMKHAN M,et al. Fabrication and Photovoltaic Properties of Silicon Solar Cells with Different Diameters and Heights of Nanopillars[J]. Energy technology,2013,1(2-3):139-143.

[51] SHEN X J,SUN B Q,LIU D,et al. Hybrid heterojunction solar cell based on organic-

inorganic silicon nanowire array architecture[J]. Journal of the American chemical society,2011,133(48):19408-19415.

[52] CANHAM L T. Silicon quantum wire array fabrication by electrochemical and chemical dissolution of wafers[J]. Applied physics letters,1990,57(10):1046-1048.

[53] CULLIS A G,CANHAM L T. Visible light emission due to quantum size effects in highly porous crystalline silicon[J]. Nature,1991,353(6342):335-338.

[54] BISI O,OSSICINI S,PAVESI L. Porous silicon:a quantum sponge structure for silicon based optoelectronics[J]. Surface science reports,2000,38(1-3):1-126.

[55] COLVIN V L,SCHLAMP M C,ALIVISATOS A P. Light-emitting diodes made from cadmium selenide nanocrystals and a semiconducting polymer[J]. Nature,1994,370 (6488):354-357.

[56] CULLIS A G. The structural and luminescence properties of porous silicon[J]. Journal of applied physics,1997,82(3):909-965.

[57] XU H J,LI X J. Three-primary-color photoluminescence from CdS/Si nanoheterostructure grown on silicon nanoporous pillar array[J]. Applied physics letters,2007, 91(20):201912.

[58] HAN C B,HE C,LI X J. Near-infrared light emission from a GaN/Si nanoheterostructure array[J]. Advanced materials,2011,23(41):4811-4814.

[59] WANG L L,WANG H Y,WANG W C,et al. Capacitive humidity sensing properties of ZnO cauliflowers grown on silicon nanoporous pillar array[J]. Sensors and actuators B:chemical,2013,177:740-744.

[60] XU H J,LI X J. Silicon nanoporous pillar array:a silicon hierarchical structure with high light absorption and triple-band photoluminescence[J]. Optics express,2008,16 (5):2933-2941.

[61] XU H J,LI X J. Rectification effect and electron transport property of CdS/Si nanoheterostructure based on silicon nanoporous pillar array[J]. Applied physics letters, 2008,93(17):172105.

[62] 叶春暖. 硅基发光材料的光致发光和电致发光研究[D]. 苏州:苏州大学,2002.

[63] 吕京美,程璇. 多孔硅的晶态结构与表征方法[J]. 化学进展,2009,21(9):1820-1826.

[64] 许海军. 硅纳米孔柱阵列及其硫化镉纳米复合体系的光学特性研究[D]. 郑州:郑州大学,2005.

[65] JENKINS R,SNYDER R L. Introduction to X-ray powder diffractometry[M]. Hoboken:John Wiley & Sons,Inc.,1996.

[66] HU Z G,TIAN Y T,LI X J. The surface photovoltage mechanism of a silicon nanoporous pillar array[J]. Chinese physics letters,2013,30(8):169-172.

[67] HU Z G,TIAN Y T,LI X J. Investigations on optoelectronic transition mechanisms of silicon nanoporous pillar array by using surface photovoltage spectroscopy and photoluminescence spectroscopy[J]. Journal of applied physics,2014,115(12):123512 (1-7).

［68］ LI Y,YUAN S Q,LI X J. White light emission from CdS/Si nanoheterostructure array[J]. Materials letters,2014,136:67-70.

［69］ HE C,HAN C B,XU Y R,et al. Photovoltaic effect of CdS/Si nanoheterojunction array[J]. Journal of Applied Physics,2011,110(9):094316(1-4).

［70］ LI Y,WANG X B,TIAN Y T,et al. Effect of interface incorporation of cadmium nanocrystallites on the photovoltaic performance of solar cells based on CdS/Si multi-interface nanoheterojunction[J]. Physica E:low-dimensional systems and nanostructures,2014,64:45-50.

［71］ XU H J,LI X J. Silicon nanoporous pillar array:a silicon hierarchical structure with high light absorption and triple-band photoluminescence[J]. Optics express,2008,16 (5):2933-2941.

［72］ CRUZ J S,PÉREZ R C,DELGADO G T,et al. CdS thin films doped with metal-organic salts using chemical bath deposition[J]. Thin solid films, 2010, 518 (7): 1791-1795.

［73］ LEE J H,YI J S,YANG K J,et al. Electrical and optical properties of boron doped CdS thin films prepared by chemical bath deposition[J]. Thin solid films,2003,431-432:344-348.

［74］ MATSUNE K,ODA H,TOYAMA T,et al. 15% Efficiency CdS/CdTe thin film solar cells using CdS layers doped with metal organic compounds[J]. Solar energy materials and solar cells,2006,90(18-19):3108-3114.

2　CdS/Si-NPA 的制备、表征与性能研究

2.1　CdS/Si-NPA 的制备

2.1.1　化学水浴法制备 CdS/Si-NPA 的机理及流程

目前硫族化合物薄膜的制备方法主要有溶胶-凝胶法(sol-gel technique)[1]、喷雾热解(spray pyrolysis,简称 SP)[2]、电化学沉积(electrochemical deposition method)[1]、化学气相沉积(chemical vapor deposition,简称 CVD)[1]、近空间升华(close space sublimation,简称 CSS)[3]、化学水浴沉积(chemical bath deposition,简称 CBD)[4]和连续离子层吸附与反应(successive ionic layer adsorption and reaction,简称 SILAR)[5]等方法。在上述制备工艺中,CBD 法由于具有以下优点而被广泛应用:制备工艺简单,不需要真空系统;反应原料纯度要求低,价格便宜;反应温度低;便于大面积沉积;制备的薄膜均匀、致密以及性能良好等。

采用 CBD 法沉积 CdS 薄膜一般是将基底放入由 Cd 盐、硫脲和氨水按一定比例配制而成的混合溶液中并加热至一定温度沉积而成的[6-7]。为了控制反应速度,提高薄膜质量,通常需要添加相应的铵盐(如醋酸铵、氯化铵、硫酸铵等)作为缓冲剂。在采用 CBD 法制备薄膜的过程中,始终伴随着两个反应机制:异质沉积机制(发生在衬底上)和同质沉积机制(发生在溶液中)[8]。

(1)异质沉积机制

根据 D. Lincot 和 R. Ortega-Borges 提出的生长理论[9],可以将此反应分为下列四个步骤:

① 在由氨水提供的碱性环境中 Cd 盐离解为 Cd^{2+},同时 Cd^{2+} 与 NH_3 结合形成络合离子 $Cd(NH_3)_4^{2+}$,并集聚在衬底附近。

② 络合离子 $Cd(NH_3)_4^{2+}$ 与溶液中的 OH^- 反应生成 $[Cd(OH)_2(NH_3)_2]_{ads}$,并吸附于衬底表面。其中,下标 ads 表示吸附。

③ $[Cd(OH)_2(NH_3)_2]_{ads}$ 吸附 S 源形成亚稳态络合物 $[Cd(OH)_2(NH_3)_2SC(NH_2)_2]_{ads}$。

④ 亚稳态络合物 $[Cd(OH)_2(NH_3)_2SC(NH_2)_2]_{ads}$ 分解得到 CdS,形成薄膜。

(2)同质沉积机制

Cd^{2+} 在溶液中与 S^{2-} 反应生成 CdS,最终沉积到衬底上。

由上述内容可知,采用 CBD 法制备 CdS 薄膜过程包括一系列的络合反应,实验条件影响最终沉积的薄膜质量,如溶液的 pH 值、反应温度和时间等。要得到质量良好的薄膜,需要精确控制反应参数。由前期实验可知,采用 CBD 法在 Si-NPA 上沉积 CdS 薄膜可以采用

0.03 mol/L的氯化镉[Cd(Cl)$_2$]、0.1 mol/L的硫脲[(NH$_2$)$_2$CS]和2.25 mol/L氨水制备的反应溶液。但是制备的薄膜过厚,表面粗糙,不利于表面电极的制备,从而影响制备的光电器件性能。

本实验中添加一定量的醋酸铵作为缓冲剂,将镉盐换成分解速度缓慢的醋酸镉,使反应温度降至70 ℃以降低反应速度,以期制备质量优良的CdS薄膜。反应溶液由0.03 mol/L醋酸镉[(CH$_3$COO)$_2$Cd·3H$_2$O]、0.1 mol/L硫脲[(NH$_2$)$_2$CS]、2.25 mol/L氨水和一定量的缓冲剂醋酸铵(CH$_3$COONH$_4$)配制而成,使用的化学药品均为分析纯。实验装置主要有DF-101S型集热式恒温加热磁力搅拌器和反应烧杯。衬底材料为2.0 cm×2.0 cm的硅纳米孔柱阵列(Si-NPA)。具体的实验步骤如下:

(1) 将0.03 mol/L的醋酸镉和一定量的醋酸氨溶于75 mL的去离子水中,充分搅拌溶解,配成溶液A。

(2) 将0.1 mol/L的硫脲溶于10 mL的去离子水中,充分搅拌溶解,配成溶液B。

(3) 将2.25 mol/L氨水和溶液A同时加入反应烧杯,水浴加热至68 ℃。

(4) 将溶液B加入反应烧杯,水浴加热至70 ℃。

(5) 将衬底Si-NPA竖直放入反应溶液,恒温70 ℃,持续加热一定时间。

(6) 反应结束后将样品取出用去离子水反复冲洗,氮气氛围中干燥,放入培养皿保存备用。

据相关文献报道,衬底的放置取向会影响沉积CdS薄膜的质量。S. Tec-Yam等研究了衬底水平、垂直和45°放置时生长的CdS薄膜的性质,发现垂直放置的衬底上成膜质量较好[10-11],所以在步骤(5)中将衬底垂直放置于反应溶液中。最终制备的CdS/Si-NPA随着反应时间增加,表面颜色由最初的Si-NPA的黑褐色变为黄绿色、浅黄、黄色直至橙黄色。为了进一步提高薄膜的结晶质量和致密度,对所有样品进行500 ℃、30 min、氮气氛围的退火处理。

前面已提到反应条件对制备的薄膜质量有很大影响。接下来为确定制备质量优良薄膜的最优条件,研究了生长时间和缓冲剂浓度对薄膜结构与形貌的影响。本书中所有样品的物相分析均采用日本的Rigaku D/MAXV3B型X射线衍射仪(XRD),工作时选用λ为1.540 6 Å的Cu Kα射线。样品的表面形貌、成分及表观尺寸的表征采用日本电子仪器公司的JEOL JSM-6700F型冷场发射扫描电子显微镜(FE-SEM)、X射线能谱仪(EDS)和法国Philips公司生产的Philips CM-200 FEG-TEM型透射电子显微镜(TEM)和高分辨电子显微镜(HR-TEM)。

2.1.2 生长时间对CdS/Si-NPA的影响

反应时间直接决定生长薄膜的厚度,薄膜厚度又是影响光电器件性能至关重要的参数[12]。如CdS作为太阳能电池的窗口层时,因为不能影响太阳光的吸收和透射,所以厚度通常要求小于500 nm。

样品制备的方法及过程与2.1.1节所述相同,反应溶液由0.03 mol/L醋酸镉、0.1 mol/L硫脲、2.25 mol/L氨水和0.05 mol/L的缓冲剂醋酸铵配置而成;反应温度为70 ℃;生长时间分别选为20 min、30 min、40 min、50 min和60 min。

2.1.2.1 反应时间对CdS/Si-NPA表面形貌的影响

图2-1为生长不同时间后CdS/Si-NPA的电镜照片。从图中可以明显看出,所有样品

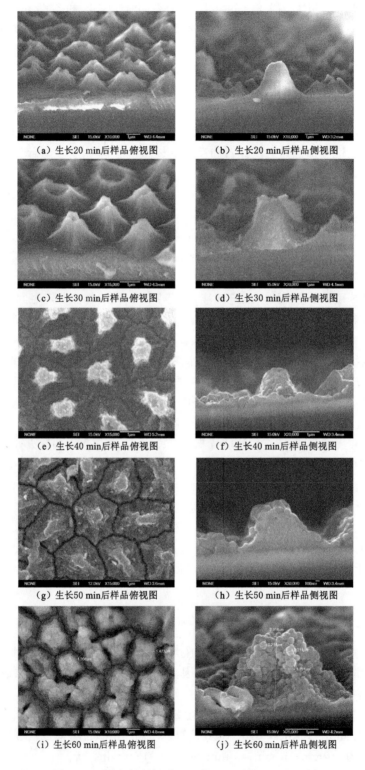

（a）生长20 min后样品俯视图　　　　（b）生长20 min后样品侧视图

（c）生长30 min后样品俯视图　　　　（d）生长30 min后样品侧视图

（e）生长40 min后样品俯视图　　　　（f）生长40 min后样品侧视图

（g）生长50 min后样品俯视图　　　　（h）生长50 min后样品侧视图

（i）生长60 min后样品俯视图　　　　（j）生长60 min后样品侧视图

图 2-1　不同生长时间后 CdS/Si-NPA 的 FE-SEM 图

均完好地保留了 Si 柱的规则阵列形貌,只是 Si 柱表面均被物质覆盖(之后通过 XRD 证实覆盖物为六方相的 CdS)。随着生长时间的增加,薄膜厚度不断增加,颗粒尺寸增大。20 min 样品形貌与新制备的 Si-NPA 形貌类似,只是表面有些微小颗粒,样品颜色为浅黄绿色。30 min 样品的 Si 柱表面 CdS 含量明显增加,颗粒尺寸明显增大,但 CdS 颗粒依然是散落在 Si 柱表面,成膜性有待验证。40 min 样品 Si 柱表面 CdS 颗粒尺寸进一步增大,且均匀连续,证明在 Si 柱表面已经形成连续的 CdS 薄膜。50 min 样品表面形貌与 40 min 样品类似,只是 CdS 颗粒尺寸较大,且均匀性变差。60 min 样品表面除颗粒粒径和厚度继续增大外,还出现了少量 CdS 片状颗粒团聚体,严重影响薄膜的均匀性。综上所述,40 min 样品成膜性好,颗粒均匀,薄膜厚度适中。

2.1.2.2 生长时间对 CdS/Si-NPA 结构的影响

图 2-2 和图 2-3 分别为不同生长时间样品退火前后的 XRD 图谱。由新制备的 CdS/Si-NPA 样品 XRD 图可知,可以观测到所有样品均有 3 个强衍射峰和 8 个弱衍射峰,分别为 CdS 和单质 Cd 的衍射峰。3 个强衍射峰分别位于 26.68°、44.16°和 52.35°,分别对应六方相 CdS (002)、(110)和(112)晶面衍射峰,与标准卡片 JCPDS:01-070-2553 一致。在强衍射 26.68°两侧有 2 个弱衍射肩峰,中心位于 25.16°和 28.44°,对应于六方相 CdS(100)和(101)晶面衍射峰。由此可知,70 ℃生长的 CdS 薄膜均为六方相结构,并且随着生长时间的增加,结晶质量变好。其中,20 min 的样品峰位宽化最为严重,并且由 FE-SEM 图可知其 Si 柱表面 CdS 生成量少,所以推测其表面可能并未均匀成膜。其他 6 个弱衍射峰(31.72°、34.89°、38.41°、47.89°、61.11°、62.41°)经分析可知均来自 Cd 单质,分别对应于六方相 Cd(002)、(100)、(101)、(102)、(103)、(110)晶面衍射峰,与标准卡片 JCPDS:00-005-0674 一致。单质 Cd 出现的原因已在之前的工作中详细说明[12]。选择 500 ℃退火是因为由前期的工作可知,500 ℃及更高温度的退火可以消除单质 Cd 的存在,提高 CdS 薄膜的结晶质量。

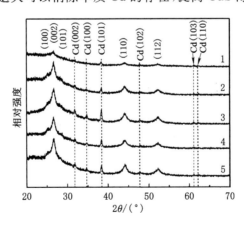

1~5—生长时间分别为 20 min、30 min、40 min、50 min 和 60 min。

图 2-2 新制备的 CdS/Si-NPA 的 XRD 图谱

图 2-3 为图 2-2 中样品经上述条件退火后的 XRD 图谱,从图中仅观测到六方相 CdS 的特征衍射峰,从低到高入射角度的 5 个衍射峰分别是位于 24.94°的(100)衍射峰、26.62°的(002)衍射峰、28.29°的(101)衍射峰、44.02°的(110)衍射峰和 52.07°的(112)衍射峰。此

外,可以看出主衍射峰为(002)衍射峰,说明六方相的 CdS 择优(002)方向生长。从理论上来讲,六方相 CdS 的(002)方向具有最快的生长速率和最高的表面能,因此根据生长动力学理论可知(002)方向应该是其优先生长的方向[13]。

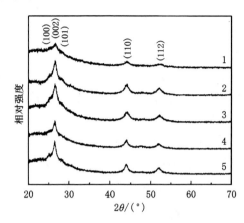

1～5—生长时间分别为 20 min、30 min、40 min、50 min 和 60 min。

图 2-3　生长不同时间退火 500 ℃后 CdS/Si-NPA 的 XRD 图谱

根据样品前 3 个最强衍射峰的峰位和半高宽,利用谢勒公式[式(1-1)]计算出退火前随生长时间增加,CdS 的晶粒大小分别约为 9.1 nm、11.4 nm、12.3 nm、13.2 nm 和 14.3 nm。退火后对应样品中 CdS 的晶粒大小分别约为 10.5 nm、12.6 nm、13.7 nm、14.6 nm 和 15.5 nm。可见,随着生长时间增加,晶粒尺寸增加,退火后晶粒进一步长大,有利于提高薄膜致密度。虽然 Cd 的加入有利于改善 CdS 薄膜电学性能,但是由于 Si-NPA 在空气中易被氧化,纳米 Si 晶将被 SiO_x 包裹,与 Cd 的接触面急剧减小,且 Cd 不稳定,在潮湿的环境中会被氧化为 CdO,而 CdO 会降低器件 CdS 薄膜的光电性能。所以为了进一步提高薄膜的结晶质量和致密度,以及消除单质 Cd 对薄膜产生的不利影响,对所有样品进行 500 ℃、30 min、氮气氛围的退火处理。

2.1.3　缓冲剂浓度对 CdS/Si-NPA 的影响

为了控制反应速度和提高薄膜质量,在反应过程中加入一定量的缓冲剂(通常需要添加相应的铵盐作为缓冲剂)。因为反应溶液中选择的 Cd 盐为醋酸镉,所以选择醋酸铵作为缓冲剂。

样品制备的方法及过程与 2.1.1 节中所述相同,其中反应溶液由 0.03 mol/L 醋酸镉[$(CH_3COO)_2Cd \cdot 3H_2O$]、0.1 mol/L 硫脲[$(NH_2)_2CS$]、2.25 mol/L 氨水和不同浓度的缓冲剂醋酸铵(CH_3COONH_4)配置而成。缓冲剂的浓度分别为 0.02 mol/L、0.05 mol/L 和 0.08 mol/L。反应温度为 70 ℃。生长时间为 40 min。

2.1.3.1　缓冲剂浓度对 CdS/Si-NPA 表面形貌的影响

图 2-4 为未加和加入不同浓度缓冲剂后生长的 CdS/Si-NPA 的 FE-SEM 图谱。其中图 2-4(a)和图 2-4(b)为未加缓冲剂样品,图 2-4(c)至图 2-4(h)所加缓冲剂醋酸铵的浓度分别为 0.02 mol/L[图 2-4(c)和图 2-4(d)]、0.05 mol/L[图 2-4(e)和图 2-4(f)]和 0.08 mol/L

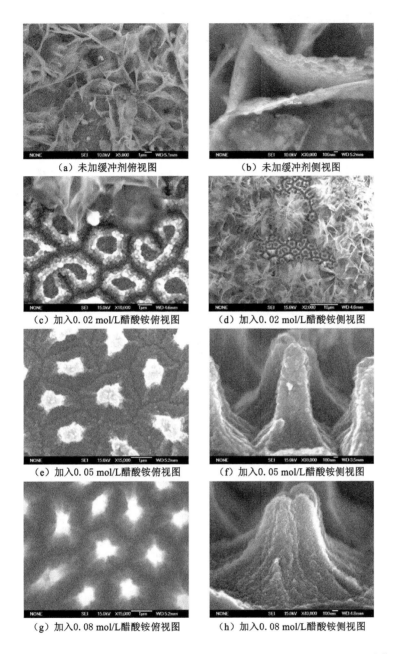

（a）未加缓冲剂俯视图　　　　　　（b）未加缓冲剂侧视图

（c）加入0.02 mol/L醋酸铵俯视图　　（d）加入0.02 mol/L醋酸铵侧视图

（e）加入0.05 mol/L醋酸铵俯视图　　（f）加入0.05 mol/L醋酸铵侧视图

（g）加入0.08 mol/L醋酸铵俯视图　　（h）加入0.08 mol/L醋酸铵侧视图

图 2-4　未加和加入不同浓度缓冲剂后生长的 CdS/Si-NPA 的 FE-SEM 图谱

［图 2-4（g）和图 2-4（h）］。由图可知,缓冲剂加入后对样品的形貌有显著影响。未加入缓冲剂样品的表面被大量片状薄膜交错叠加后覆盖,单片薄膜则由小颗粒聚集而成,衬底 Si-NPA 的柱状规则形貌已不可见。加入少量缓冲剂后,杂乱无章的片状薄膜变为类似花朵状团聚体,花瓣均由颗粒组成的片状薄膜构成,在花朵间隙依稀可见衬底 Si-NPA 的柱状结构,且衬底表面被 CdS 颗粒薄膜覆盖。当缓冲剂含量进一步增大时,片状薄膜全部消失,衬底 Si-NPA 的柱状阵列结构清晰可见。并且,随着缓冲剂含量的增大,衬底表面 CdS 颗粒减小,CdS 薄膜变薄,表明缓冲剂的加入有效降低了 CdS 的生成速度,有利于提高薄膜的均匀

性、减小薄膜粗糙度和降低薄膜厚度。

2.1.3.2 缓冲剂浓度对 CdS/Si-NPA 结构的影响

图 2-5 为未加和加入不同浓度缓冲剂后 CdS/Si-NPA 的 XRD 图谱。其中图 2-5(a)为未加缓冲剂样品,图 2-5(b)至图 2-5(d)所加缓冲剂醋酸铵的浓度分别为 0.02 mol/L、0.05 mol/L 和 0.08 mol/L。由图可知,除未加缓冲剂样品外,其余样品都只有六方 CdS 的结构。从低到高入射角度,衍射峰分别约位于 24.94°、26.64°、28.12°、44.03°和 52.08°,对应于六方相 CdS (100)、(002)、(101)、(110) 和 (112) 的晶面衍射峰,表明缓冲剂的加入并未改变样品的晶体结构,依然为六方相 CdS。未加缓冲剂样品除上述衍射峰外还多了一个 Si (101)衍射峰,表明其异质成核机制生长的 CdS 占主导地位,且生长速度过快,出现衬底 Si 峰表明成膜连续性和均匀性较差,衬底有部分裸露。另外,加入缓冲剂后衍射峰强度明显减弱,且半高宽明显宽于未加样品,表明 CdS 晶粒减小,即缓冲剂的加入有效地降低了反应速度。通过谢勒公式计算得到 4 个样品的晶粒尺寸分别约为 35.3 nm、17.3 nm、12.3 nm 和 11.6 nm。可见,缓冲剂加入后 CdS 晶粒尺寸确实减小。

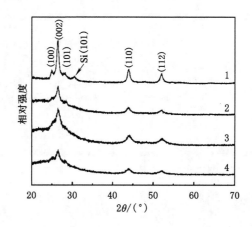

1—未加缓冲剂;2—加入 0.02 mol/L 醋酸铵;3—加入 0.05 mol/L 醋酸铵;4—加入 0.08 mol/L 醋酸铵。

图 2-5 未加和加入不同浓度缓冲剂后 CdS/Si-NPA 的 XRD 图谱

综上所述,生长时间和缓冲剂的含量对制备样品的形貌和结构有显著影响。随着生长时间的增加,衬底表面 CdS 分别从 20 min 的分散颗粒,到 40 min 的均匀连续颗粒薄膜,再到 50 min 和 60 min 的大颗粒 CdS 团聚体。随着缓冲剂含量的增加,从未加缓冲剂时的完全覆盖衬底 Si-NPA 的杂乱无章片状 CdS,到加入 0.02 mol/L 缓冲剂后的花朵状团聚和花朵间隙露出的衬底结构形貌,再到加入 0.05 mol/L 缓冲剂后清晰可见的衬底规则阵列结构和覆盖在其上的 CdS 均匀连续颗粒膜,以及到加入 0.08 mol/L 缓冲剂后厚度锐减的 CdS 薄膜。所以得到 CdS/Si-NPA 的最优制备条件为:0.03 mol/L 醋酸镉[(CH₃COO)₂Cd·3H₂O]、0.1 mol/L 硫脲[(NH₂)₂CS]、2.25 mol/L 氨水和 0.05 mol/L 缓冲剂醋酸铵(CH₃COONH₄),反应温度为 70 ℃,生长时间为 40 min。过量的缓冲剂导致薄膜非常薄,在制备光电器件时容易被击穿,所以选择缓冲剂醋酸铵的浓度为 0.05 mol/L。

2.2　CdS/Si-NPA 的形貌与结构

上一节研究了不同生长条件对 CdS/Si-NPA 的影响，并得到最佳的制备条件。本节将采用上一节中得到的最优条件制备 CdS/Si-NPA，并对其形貌、结构和性能进行研究。

图 2-6 为 CdS/Si-NPA 的 FE-SEM 图和 HR-TEM 图。图 2-6(a)、图 2-6(b)分别为 CdS/Si-NPA 样品的俯视图和侧视图，图 2-6(c)为 CdS/Si-NPA 的高分辨透射电镜图(HR-TEM 图)。从图 2-6(a)和图 2-6(b)中可以看出，CdS/Si-NPA 依然保留了衬底 Si-NPA 的规则柱状阵列结构。CdS 纳米颗粒均匀地覆盖在衬底表面，形成一层均匀、连续的 CdS 薄膜。通过测量，CdS 薄膜厚度约 300 nm。为了清晰观察 CdS/Si-NPA 中 CdS 和 Si-NPA 的结合情况，小心将样品上的被 CdS 包裹的 Si 柱刮下，进行 HR-TEM 分析，如图 2-6(c)所示。由图中可以看到许多集中分布的晶区，通过对晶格条纹的测量比对，可以确定它们是具有不同晶面方向的 nc-CdS 和 nc-Si，且彼此交叠在一起，没有明显界面。这是由于衬底中 Si 柱的多孔结构，而导致 nc-CdS 不但可以生长在孔外，也可以生长在孔内，故在 HR-TEM 中观测到 nc-CdS 和 nc-Si 的多界面结构。另外，CdS 导电类型为 n 型，衬底 Si 为重掺杂 p 型，且 nc-Si 和 nc-CdS 比表面积大，可以认为 CdS/Si-NPA 是一种非传统和非平面的多界面纳米异质结。

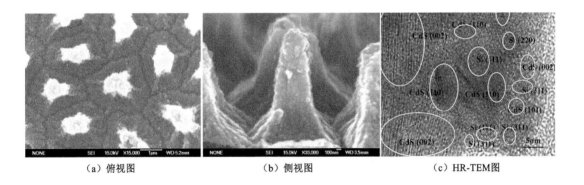

(a) 俯视图　　　　　(b) 侧视图　　　　　(c) HR-TEM 图

图 2-6　CdS/Si-NPA 的 FE-SEM 图和 HR-TEM 图

图 2-7 为 CdS/Si-NPA 的 XRD 图谱。从图中可以清晰观测到 CdS 六方相特征衍射峰，表明 CdS 薄膜结晶质量良好。通常 CdS 有两种晶相结构——立方闪锌矿结构和六方纤锌矿结构。其中立方相结构是亚稳相结构，稳定性差不利于制作光电器件，而六方相结构稳定性良好，是制作高性能光电器件的最佳选择[14]，可见所制备的 CdS 薄膜完全满足制备光电器件的要求。入射角度从 20°到 70°内共有 8 个衍射峰，分别位于 24.66°、26.52°、28.21°、36.48°、43.79°、48.03°、51.92°和 66.82°，对应于六方相 CdS(100)、(002)、(101)、(102)、(110)、(103)、(112)和(203)的晶面衍射峰，与标准卡片 JCPDS card：No. 41-1049 峰位一致。

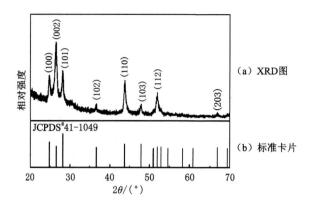

图 2-7　CdS/Si-NPA 的 XRD 图谱

2.3　CdS/Si-NPA 的物理性能

2.3.1　CdS/Si-NPA 的光学性能

光致发光(photoluminescence,简称 PL)是指物质吸收光子跃迁到较高能级的激发态后返回低能态同时放出光子的过程。它可用于检测材料带隙、杂质能级和缺陷,以及鉴定材料内部复合机制和材料品质。基于不同复合机制的发光具有不同的特点,可以依据实测的光谱特征对其复合机制进行分析并作出判断。基于不同杂质中心参与的发光过程对应的光线的能量位置与该杂质中心能级有确定关系,可以由测出的 PL 谱线位置推测杂质缺陷能级的位置。

通常用 CBD 法制备的 CdS 薄膜具有大量的缺陷态,如镉空位(V_{Cd})、硫空位(V_S)、镉间隙(I_{Cd})和硫间隙(I_S)以及反位原子(如 S_{Cd} 和 Cd_S)[3]。很明显,它们的存在会影响 CdS 中载流子的传输效率,降低载流子的扩散长度,从而严重影响基于 CdS 薄膜制备的光电器件的性能。为了确定 CdS/Si 内部缺陷态种类和能级结构,我们研究了 CdS/Si-NPA 的室温和变温光致发光谱(PL)[15]。通过分析峰位和峰强随温度的变化,确定发光峰的起源和缺陷态的能级。本书中所有样品的 PL 测试均采用日本 Horiba 公司的 FL-3-22 型荧光光谱仪来完成。

2.3.1.1　CdS/Si-NPA 的室温光致发光特性

图 2-8 为 CdS/Si-NPA 的室温 PL 谱。经高斯拟合后,CdS/Si-NPA 的室温 PL 谱有 3 个发射峰,分别是 1 个约位于 430 nm 的蓝光以及 2 个分别约位于 480 nm 和 540 nm 的绿光。蓝光发射峰的来源将在 2.3.1.2 节关于 CdS/Si-NPA 变温光致发光谱的研究中予以澄清。两个绿光发射峰都来自 CdS。由于 CdS/Si-NPA 中不同峰位处的发光机理不一样,约位于 480 nm 的绿光发射峰来自纳米 CdS 晶粒的带隙发射[3],相比块体 CdS 材料带隙发光峰(约位于 512 nm)[16]而言,CdS/Si-NPA 纳米复合材料的发射峰"蓝移"了 0.11 eV,可归因于 CdS 晶粒的量子尺寸效应[12,17]。约位于 540 nm 的绿光峰与缺陷发射有关,来自 Cd 间隙相关能级上电子到价带的跃迁[3]。

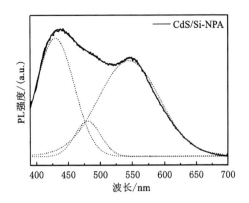

图 2-8 CdS/Si-NPA 的室温 PL 谱(激发波长 370 nm)

带隙 E_g 是半导体材料的重要参数。其值直接决定半导体材料的物理性能。根据电子跃迁类型的不同可将半导体分为两类[18]:① 直接带隙半导体:跃迁过程不需要声子参与。② 间接带隙半导体:跃迁过程需要至少一个声子参与来保证动量守恒。通常通过测量其反射谱、吸收谱或透射谱,然后根据带隙与它们的关系计算得到半导体带隙[18-22]。但是,不同方法计算出来的结果差别很大。由文献[18-19]可知,库贝卡尔-芒克(K-M)理论是用来描述高光散射材料和微小颗粒系统光学行为的理论。本实验中,通过测试积分反射谱,根据 K-M 理论来计算带隙是比较合理的。K-M 公式如下[18-19]:

$$F(R) = \frac{(1-R)^2}{2R} \tag{2-1}$$

式中,R 为波长为 λ 时的积分反射系数;$F(R)$ 正比于光吸收系数 α。

由托克法则可知[21-22]:$\alpha h\nu = A(h\nu - E_g)^n$,那么,$F(R)h\nu = A(h\nu - E_g)^n$,因此可以通过此公式来计算带隙。式中 n 值因材料的不同而异。对于直接带隙半导体:$n=1/2$;对于间接带隙半导体:$n=2$。CdS 为直接带隙半导体,所以计算其带隙时 n 取 $1/2$。

图 2-9(a) 为 CdS/Si-NPA 的积分反射谱。从图中可以看出,CdS/Si-NPA 在 300～800 nm 范围内具有很低的积分反射率,其值小于 10%。这是由于化学水溶沉积(CBD)法沉积 CdS 后完好地保持了 Si-NPA 的规则阵列结构,由图 2-6 的 FE-SEM 图可知。而衬底 Si-NPA 具有良好的光吸收特性,前期实验已测得衬底 Si-NPA 在 300～800 nm 波长范围内的平均积分反射率小于 2%。因此,CdS/Si-NPA 也具有良好的光吸收特性。

为了计算带隙值,首先对样品反射谱进行 K-M 转换,得到 $[F(R)h\nu]^2$-$h\nu$ 图,即得到了 $[\alpha(h\nu)]^2$-$h\nu$ 图,如图 2-9(b)所示。从图中可知,CdS 的光学带隙为 2.33 eV,与文献所报道的采用 CBD 法制备的薄膜带隙一致[22]。

2.3.1.2 CdS/Si-NPA 复合体系的变温光致发光特性

随着温度降低,声子与晶格的相互作用大大降低,缺陷相关能级的发射将会改变,所以测量样品的变温光致发光谱可以反映材料内部跃迁复合过程和缺陷能级等相关信息[23-26]。

本实验测试了 CdS/Si-NPA 的变温光致发光特性。首先将样品置于低温仓中,并用真空泵抽气,将仓内气压降至 10 Pa 左右。然后,采用低温液氦系统(Janis CCS-100)将仓内温度降至 10 K,待温度稳定为 10 K 后进行 PL 谱测试。升温过程采用数字温度控制系统

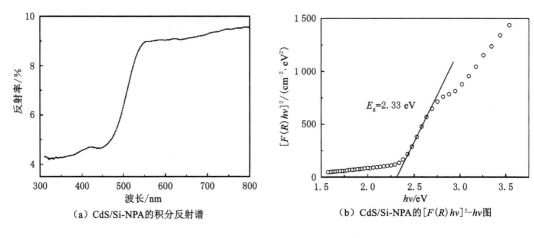

（a）CdS/Si-NPA的积分反射谱　　（b）CdS/Si-NPA的$[F(R)h\nu]^2$-$h\nu$图

图 2-9　CdS/Si-NPA 的积分反射谱和 CdS/Si-NPA 的 $[F(R)h\nu]^2$-$h\nu$ 图

（Lake Shore-325），误差为±1 K。本实验测温范围为 10～300 K，10～150 K 内测试步长 10 K，150～300 K 内测试步长为 50 K。

图 2-10（a）是 CdS/Si-NPA 的变温光致发光谱。这里给出的发光谱对应的测试温度点分别是 10 K、20 K、40 K、60 K、70 K、90 K、100 K、130 K、200 K 和 300 K。从图中明显看出，随着测试温度的升高，PL 谱的形状发生明显改变。峰强随着温度的升高不断减小，且半高宽（FHWM）增加，但峰位随着温度的升高变化趋势不一致。为了清楚分析每个发射谱峰位和峰强的变化，将发射谱进行高斯拟合。图 2-10（b）为测试温度为 10 K 和 300 K 时 CdS/Si-NPA 光致发光谱的高斯拟合结果。如图所示，从高能到低能共有 4 个高斯峰，分别是约位于 2.84 eV（436 nm）的蓝光峰、2.20 eV（563 nm）的绿光峰、1.80 eV（688 nm）的红光峰和 1.53 eV（810 nm）的红外光峰，分别标记为 B、G、R 和 IR 峰。

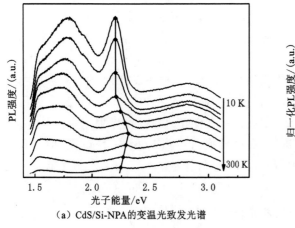

（a）CdS/Si-NPA的变温光致发光谱

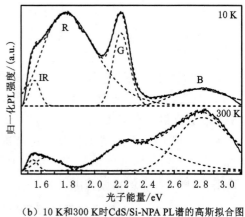

（b）10 K和300 K时CdS/Si-NPA PL谱的高斯拟合图

图 2-10　CdS/Si-NPA 的变温光致发光谱（激发波长 350 nm，滤色片 400 nm）和
10 K 和 300 K 时 CdS/Si-NPA PL 谱的高斯拟合图

通过对 CdS/Si-NPA 制备过程和微结构的仔细分析可知，这 4 个 PL 发光带应该来自 CdS 薄膜、CdS 和 Si-NPA 的界面或者衬底 Si-NPA。为了澄清衬底 Si-NPA 对发光的贡献，测试了

同样退火条件(氮气氛围、500 ℃、30 min)处理后衬底 Si-NPA 的 PL 谱,如图 2-11 所示。由图可知,约位于 2.84 eV(436 nm)的 B 峰与退火处理后衬底 Si-NPA 的发光峰的峰位和峰形非常相近,所以 B 峰应来自衬底 Si-NPA,是由 nc-Si 中与氧有关的缺陷态所发射的[12],并且此峰峰位和峰强随温度变化不明显,这与衬底 Si-NPA 发光随温度的演化规律一致。

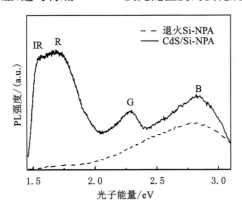

图 2-11 CdS/Si-NPA 在 10 K 时的变温光致发光谱和衬底 Si-NPA
在使用相同退火条件处理后的光致发光谱

其他 3 个发光峰——绿光发光峰(G 峰)、红光发光峰(R 峰)、红外光发光峰(IR 峰)应来自 CdS 薄膜或 CdS 和 Si-NPA 的界面。为了阐述 G、R 和 IR 峰的来源,图 2-12 给出了它们的峰位和峰强随温度演化曲线。随着温度的升高,3 个 PL 带的峰位演化趋势各不相同[图 2-12(a)和图 2-12(b)],但是峰强均随温度单调递减[图 2-12(a)和图 2-12(c)]。由文献可知,G 峰应归因于 nc-CdS 的近带边发射(NBE),也就是激子复合辐射[27-28]。G 峰峰位随温度的增加,先"蓝移"(10~100 K),后"红移"(100~300 K),如图 2-12(a)中曲线所示。这种行为称为"Λ"形变化,这种现象经常在半导体纳米结构中观测到,如量子阱、量子点[29-30]。这种"Λ"形变化被证实是由束缚激子的去局域化过程所导致的[31]。即在低温时电子由于尺寸分散或量子效应被局域或"冻"在空穴附近[29,31-32],所以复合过程遵从束缚电子到空穴的跃迁。当温度升高超过一个阈值,局域电子由于热激发从能量最小值去局域化而变为自由电子,复合过程变为从自由电子到空穴的跃迁,此过程在 PL 中呈现为峰位"蓝移"。对于 G峰,10 K 时出现 CdS 带隙的能量最低值约 2.2 eV,对应束缚电子和空穴的复合。当温度升高至 100 K,达到最大值(约 2.28 eV),对应自由电子和空穴的复合,"蓝移"了约 80 meV。随着温度的进一步升高,G 峰单调"红移"。"红移"主要是温度引起的晶格混乱或电子-声子相互作用所导致的带隙变窄引起的。

理论上半导体带隙随温度的演化可以用瓦尔什尼关系描述[33]:

$$E_g(T) = E_g(0) - \frac{\alpha T^2}{T + \beta} \tag{2-2}$$

式中,$E_g(0)$ 为 0 K 时半导体的带隙;α 为温度系数;β 为接近于半导体德拜温度的一个参数。

通过拟合带隙随温度在高温部分(100~300 K)的变化趋势,得到各参数值为:$E_g(0) = 2.3$ eV,$\alpha = 4.5 \times 10^{-4}$ eV/K 和 $\beta = 285$ K,与文献[33]的结果接近。

对 PL 谱中热淬灭行为的研究是探测发光机制的一种有效方法。图 2-12(a)和图 2-12(c)给出了 CdS/Si-NPA 中 G、R 和 IR 带峰强随温度的变化曲线。根据半导体跃迁

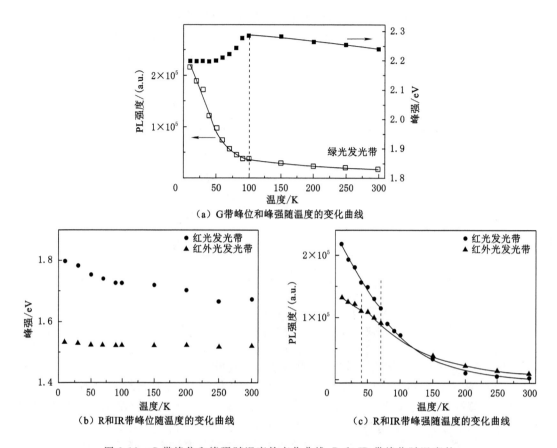

（a）G带峰位和峰强随温度的变化曲线

（b）R和IR带峰位随温度的变化曲线

（c）R和IR带峰强随温度的变化曲线

图 2-12　G 带峰位和峰强随温度的变化曲线、R 和 IR 带峰位随温度的
变化曲线及 R 和 IR 带峰强随温度的变化曲线

理论,发光强度与温度的关系可以用下面的公式描述[34]:

$$I(T) = \frac{I_0}{1 + a\exp(-E_a/k_B T)} \tag{2-3}$$

式中,$I(T)$,I_0为温度为 T 和 0 K 时各发光带的积分强度;E_a 为热淬灭的激活能;k_B 为玻耳兹曼常数。

由图 2-12(a)可知 G 峰随温度的变化,其中转折点为 100 K,表明 G 峰的发光机制在 100 K 发生了改变。因此将 G 峰进行分段拟合,分别得到热激活能 E_a 约为 11.3 meV(低温区域,10～100 K)和 29.5 meV(高温区域,100～300 K)。对于低温区域,热激活能约 11.3 meV,与 $k_B T \approx 10$ meV(100 K)非常接近,表明低温时 PL 的热淬灭(非辐射复合过程)主要是束缚激子束缚所造成的。对于高温区域,热激活能约29.5 meV,与CdS的横光学声子能(约 34 meV)[3]非常接近,表明高温区域的热淬灭主要是声子辅助的热逃逸造成的[3]。

变温 PL 谱不但可以表明 CdS 带隙发射的机制,还可以揭示关于 CdS 缺陷态的一些信息,如表面界面态、空位、间隙等。通常 CdS 中长的波长的发射来自表面态到价带或缺陷复合体的跃迁[3]。将我们的数据与其他研究组的研究结果对比可知,CdS/Si-NPA 的 R 峰和 IR 峰应来自表面缺陷态电子到 Cd 空位相关能级[35-36]和 S 间隙相关能级的跃迁[37]。正如

图2-12(b)所示,R 峰和 IR 峰都随温度升高向低能方向移动,这主要是由温度升高引起的晶格膨胀所致。R 峰和 IR 峰强同样随温度分段演化。R 峰的转变温度约为 70 K,IR 峰的转变温度约为 40 K。在低温区域,R 峰和 IR 峰积分强度随温度迅速减小,当温度高于转变温度后开始缓慢淬灭。这是声子辅助非辐射复合过程的典型现象[38]。通过分段拟合可得,R 峰的热激活能约为 5.88 meV 和 37.6 meV;IR 峰的热激活能约为 5.67 meV 和 27.2 meV。其中高热激活能约 37.6 meV(R 峰)和 27.2 meV(IR 峰),与 CdS 的纵光学声子能(约 38 meV)和横光学声子能(约 34 meV)接近[3]。这表明高温区域的热淬灭主要是声子辅助的热逃逸过程。低温区的热淬灭主要是局域态到受主能级的跃迁导致的。

2.3.2 CdS/Si-NPA 的电学性质

由两种禁带宽度不同的半导体构成的结称为异质结[39]。因两种半导体材料的禁带宽度(带隙)、导电类型、介电常数、折射率和吸收系数等电学和光学参数不同,器件设计具有较大的灵活性,因此引起人们的广泛关注。对异质结电学性质的研究,尤其是电子输运性质,是实现光电集成器件的重要基础工作。

电流-电压关系对于分析异质结内部结构、电流输运机制以及缺陷态等信息有重要作用。由于与半导体接触的电极会引入表面势垒且影响电荷的传输,从而影响器件的整体性能,因此电极的选择制备对异质结的性能有重要影响[40]。通常采用金属作为半导体的电极材料,由于功函数不同,两者在接触时一般会出现两种情况:一种是具有整流特性的肖特基接触,另一种是类似普通电阻的欧姆接触。下面以金属与 N 型半导体接触为例详述两种接触的形成过程。

(1)肖特基接触。当金属功函数大于半导体功函数时,即半导体的费米能级高于金属的费米能级,半导体中的电子将向金属转移,使金属带负电,但是金属作为电子的"海洋",其电势变化非常小。而留在半导体中的正电荷将产生空间电荷区,进而产生一定电场使能带弯曲,将在两者界面处出现势垒,即肖特基势垒。肖特基势垒的存在使半导体和金属之间出现整流作用,提高界面接触电阻,严重影响器件的电学性能,因此在制作半导体电极时应尽量避免出现肖特基势垒。

(2)欧姆接触。当金属功函数小于半导体功函数时,电子将从金属流向半导体,在半导体表面形成负空间电荷区,能带的弯曲会形成电阻很小的反阻挡层,不会影响器件的电流-电压特性,即实现了两者的欧姆接触,因此在制备电极时应选择功函数小于半导体的金属(或合金)作为电极材料。根据上述对电极选择的要求并结合本实验实际情况,分别在单晶 Si 衬底表面和 CdS 薄膜表面蒸镀 Al 和磁控溅射 ITO 膜作为背电极和顶电极。

采用 CBD 技术制备的样品结构为 CdS/Si-NPA/sc-Si/Si-NPA/CdS,要制备电极就需对样品表面进行处理,去除一侧的 CdS/Si-NPA 阵列结构。

背电极(Al 电极)制备:首先用稀盐酸对样品一侧表面进行多次清洗,去除其表面沉积的黄色 CdS 薄膜。反应结束后用去离子水反复冲洗,去除残留的反应物与盐酸溶液。然后用饱和的 NaOH 溶液去除其表面 Si-NPA,直至表面变为银灰色,即裸露出单晶 Si 片。最后用去离子水和无水酒精反复冲洗,去除表面残留的 NaOH 溶液。接下来在裸露的单晶 Si 片表面采用 CS-450 型高真空蒸发实验装置蒸镀厚度约 500 nm 的 Al 层。

顶电极(ITO 电极)制备:采用直流磁控溅射法沉积厚度约 150 nm 的 ITO 层。

制备电极后样品 ITO/CdS/Si-NPA/sc-Si/Al 的具体结构如图 2-13 所示,由前面形貌分析可知 CdS/Si-NPA 是一种非传统的多界面异质结,所以 ITO/CdS/Si-NPA/sc-Si/Al 构成了一种特殊的纳米异质结器件。

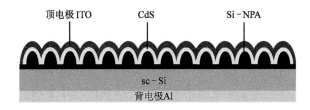

图 2-13 制备电极后样品的结构示意图

为了研究 ITO/CdS/Si-NPA/sc-Si/Al 纳米异质结器件的电学特性,采用基思利公司的恒流源(SOURCEMETER-4200)和纳伏表组合测量系统对器件进行电流密度-电压(J-U)测试。测试之前,首先用胶将 Ag 丝粘在 Al 和 ITO 薄膜电极上,引出导线。规定当背电极(Al 电极)接电源正极、顶电极(ITO 电极)接电源负极时,所加电压为正偏置;反之,所加电压为反偏置。

图 2-14(a) 给出了正向偏压下 ITO/CdS/Si-NPA/sc-Si/Al 纳米异质结器件的暗电流密度-电压(J-U)关系曲线。测试结果表明,该异质结具有良好的整流特性,其开启电压为 1.2 V,对应的电流密度为 5.5 mA/cm²。在正向偏压 3.0 V 下,电流密度为 149.4 mA/cm²;而在反向偏压 3.0 V 下,电流密度为 8.9 mA/cm²;在±3.0 V 偏压下整流比为 16.7。反向击穿电压大于 3.2 V。由前面的工作可知,顶电极 ITO 和 CdS 薄膜之间、背电极 Al 与 sc-Si 之间以及 sc-Si 和 Si-NPA 之间均为欧姆接触[41-42],所以测得的整流效应来自 CdS 和 Si-NPA 所构成的异质结。器件中衬底 Si-NPA 为 P 型,CBD-CdS 由于 S 空位或 Cd 间隙的存在导致其导电类型为 n 型,因此,CdS/Si-NPA 异质结构阵列属于典型的异型异质结结构[10]。

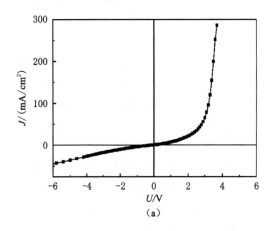
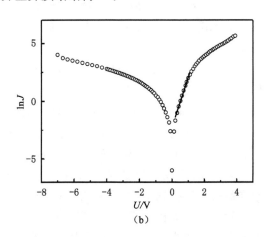

图 2-14 ITO/CdS/Si-NPA/sc-Si/Al 异质结构阵列器件的电学特性曲线

理论上,对于 p-Si-NPA/n-CdS 异质结构,其 J-U 特性可以用热发射理论描述。

$$J = J_s \left[\exp(\frac{qU - JR_s}{nkT}) - 1 \right] \tag{2-4}$$

式中,J_s为反向饱和电流密度;R_s为串联电阻;n为理想因子;k为玻耳兹曼常数;T为热力学温度。

通常情况下,式(2-4)右侧括号中的 1 和串联电阻对电流的影响都可以忽略,所以式(2-4)可以改写为:

$$J \approx J_s \exp[qU/(nkT)] \tag{2-5}$$

图 2-14(b)给出了 CdS/Si-NPA 异质结的 $\ln J$-U 曲线。从图中可以看出,当电压小于 2 V 时,$\ln J$ 呈线性增加,也就是说电流随电压呈指数增加,和热发射模型一致。通过式(2-5)拟合数据可得 CdS/Si-NPA 异质结的理性因子为 28.9。与理想二极管的理想因子 1 相比差别较大。偏差较大的原因是 CdS 和 Si-NPA 之间存在大量的界面缺陷。这些界面缺陷主要来自两个方面:一是 CdS 纳米晶与 Si-NPA 衬底之间存在较大的晶格失配[43],二是 Si-NPA 表面的多孔粗糙结构[44],造成 CdS 晶体在 Si-NPA 表面生长时形成大量的缺陷。如 F. Yakuphanoglu 等利用 sol-gel 法将 n 型 ZnO 沉积在 p 型 Si 上,构建了 ZnO/Si 光电二极管,发现氧化层和表面缺陷态,导致其理想因子偏大[45]。异质结内部载流子的运输情况决定了异质结的电学性质,直接影响基于此异质结的发光二极管和光伏器件的性质。接下来研究正向偏压下 CdS 与 Si-NPA所构建的新型异质结复合机制中载流子的运输情况。

目前,空间电荷限制电流模型(space charge limited current,简称 SCLC)是解释异质结载流子输运机制中最成熟的模型[46]。SCLC 机制是由 P. Mark 和 M. A. Lampert 最先提出来的[47],通过研究费米能级附近缺陷能级的信息来解释半导体或绝缘体中载流子的运输情况[48]。此模型常用来描述宽带隙半导体、绝缘体和聚合物中电流的传输机理,因为它们都拥有很低的本征载流子浓度。理想的异质结中载流子 SCLC 传输机制的理想 $\ln J$-$\ln U$ 关系曲线如图 2-15 所示。通常异质结的电流-电压关系都具有整流特性,存在一个开启电压 U_{on}。当外加电压小于开启电压时($U<U_{on}$),热平衡状态下载流子的浓度远大于注入载流子的浓度,占据主导地位的是扩散电流,它随外加电压的增加呈线性增加,具有良好的欧姆接触特性,其电流密度-电压关系满足 $J=n_0 e\mu UA/d$。此时可将半导体看作一个纯电阻。在此电压区域内,缺陷能级没有被完全填满。当外加电压大于开启电压($U>U_{on}$)时,注入载流子浓度逐渐增大并超过热平衡状态下载流子的浓度。随着外加电压的增加,准费米能级将向导带移动,因而位于费米能级以下的缺陷能级就会被逐渐填满,在此过程中电流密度-电压关系满足 $J\propto\exp[qU/(nkT)]$。随着外加电压的进一步增大,所有的缺陷能级都被填满,此时的电压称为缺陷填充阈值,用 U_{TFL} 表示。此后当电压大于 U_{TFL} 时,注入的这些载流子就成为空间电荷的主要成分,于是整个空间电荷及其产生的电场分布由载流子控制,这就是空间电荷效应。在轻掺杂半导体中,因为电离杂质中心浓度很小,更容易出现空间电荷效应,甚至在耗尽区以外也可以出现这种效应。在空间电荷效应的作用下,通过空间电荷区的电流以漂移电流为主,而漂移电流的电场又主要是由载流子电荷所产生的,故此时的载流子电荷、电场和电流之间相互制约,即通过空间电荷区的漂移电流受到相应空间电荷的限制,所以称此时的电流为空间电荷限制电流。理想的 SCLC 机制中载流子传输满足 $J\propto U^{2}$[49]。但是,实际测得的电流-电压关系通常是 $J\propto U^{\alpha}(\alpha>2)$[50],这是因为实际的测试体系中通常含有较多的缺陷能级,如位于费米能级以下的深能级和位于费米能级以上的浅能级。

图 2-16(a)给出了 CdS/Si-NPA 异质结构阵列正向偏压下 J-U 曲线的双对数关系曲线。很显然,J-U 双对数曲线并不符合理想的线性关系。大致可分为以下 3 个区域:低压

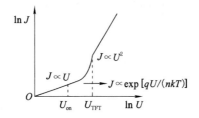

图 2-15 异质结中载流子 SCLC 传输机制的理想 $\ln J$-$\ln U$ 关系曲线

下的线性区域、较高电压下的非线性区域和高压下的线性区域。当外加正向电压小于
0.5 V 时,成近似线性关系,$J=U^{1.3}$;当外加正向电压为 0.5~1.2 V 时,成非线性关系;
当外加电压大于 1.2 V 时,$J=U^{2.5}$。具体分析如下:当 $U<0.5$ V 时,α 值接近 1,符合纯
电阻的伏安特性,因此认为在该区域载流子的运输机制为欧姆传输。这是因为异质结的
外加电压较小,缺陷态产生的载流子浓度小于热平衡载流子浓度,热运动产生的载流子
的浓度在空间电荷区占主导地位,其浓度随电压的增大线性增大,故呈现欧姆接触特性。
随着电压的增大并超过了开启电压时,注入的载流子浓度高于热平衡载流子浓度,缺陷
能级被逐渐填满,电流和电压满足 $J \propto \exp(qU/nkT)$。当外加电压继续增大,电流和电
压满足关系式 $J \propto U^{\alpha}(\alpha>2)$,这是典型的 SCLC 机制,由前述内容可知 $\alpha=2.5$,可以认为
此异质结传输机制满足理想 SCLC 机制或者单缺陷 SCLC 机制,这与前面 PL 结果一致,
PL 中只观测到一个 CdS 的施主缺陷能级。图 2-16(b)给出了 J/U 和 U 的关系曲线,由图
可知,当电压超过 1.2 V 时,J/U 和 U 满足线性关系,即 J 与 U 成二次方关系,进一步证
明了此异质结满足单缺陷 SCLC 机制。

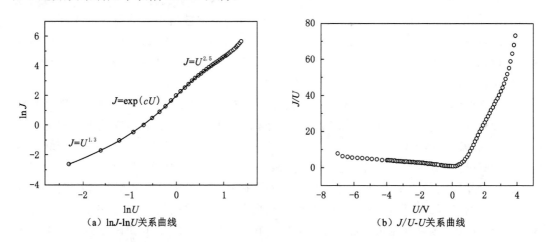

图 2-16 CdS/Si-NPA 异质结构阵列正向偏压下 J-U 曲线的双对数关系曲线

2.4 CdS/Si-NPA 的电致发光性能

电致发光(EL)是指物质在一定的电场作用下被相应的电能激发而产生的发光现象。
当异质结器件 ITO/CdS/Si-NPA/sc-Si/Al 两端加上正向偏压时,非平衡载流子在向耗尽区

扩散的过程中发生辐射复合,多余的能量以光的形式释放出来。据报道,CdS 发光类型主要包括带边发光、自由激子复合发光和缺陷能级间的复合发光。图 2-17 给出了不同电压下 CdS/Si-NPA 纳米异质结构阵列的 EL 谱。从图 2-17(a)可以看出,只有一个位于 400～600 nm 的绿光发射带,强度随着电压的增大不断增大。经高斯拟合后,此绿光发射带是由约位于 480 nm 和 550 nm 的 2 个绿光峰组成的,这 2 个峰位与 PL 谱峰位一致。据相关文献报道,位于 350～500 nm 的发光峰属于 CdS 纳米颗粒的带间发射,对应导带底-价带顶的电子跃迁发射[51-52],位于 500～700 nm 的发光峰是 CdS 纳米颗粒由于表面缺陷和俘获态所引起的表面态发射。所以图中约位于 480 nm 的发光峰来自带边发射,且随着外加电压的增大,峰位不变,峰强增大。约位于 550 nm 的发光峰应归因于缺陷能级发光,由 PL 分析可知是来自 Cd 间隙到价带的发射。随着外加电压的增大,峰位不断“蓝移”,峰强增大。可见,在较低的正向电压下,纳米异质结 ITO/CdS/Si-NPA/sc-Si/Al 可以发出微弱的绿光。李勇等研究发现,可以通过改变制备条件和后处理条件,如生长时间、退火温度等,来改善该新型纳米异质结器件的电致发光性能,但是由于未对 CdS 薄膜的光电性能进行适当改善,所以器件性能提升不大[12]。根据前述内容可知,元素掺杂将会明显改善 CdS 薄膜和基于此薄膜的光电器件的性能。因此,通过对 CdS 薄膜进行合理改性会使此新型纳米光电器件在发光二极管领域具有重要的应用价值。

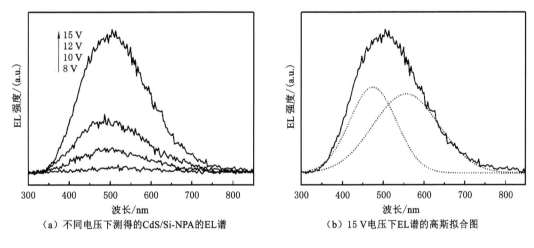

(a) 不同电压下测得的CdS/Si-NPA的EL谱　　　　(b) 15 V电压下EL谱的高斯拟合图

图 2-17　不同电压下测得的 CdS/Si-NPA 的 EL 谱和 15 V 电压下 EL 谱的高斯拟合图

2.5　CdS/Si-NPA 的光伏性能

为了满足人类对能源的巨大需求,缓解传统的不可再生能源不足的压力,需要开发新型可再生能源,提高能源的利用率。太阳能是一种取之不尽、用之不竭的可再生的、清洁的、安全的能源,因此对太阳能的合理开发利用将在解决未来能源危机、气候恶化等关键问题时起到重要作用。但是目前已被广泛应用的硅太阳能电池存在制作工艺复杂、价格高等诸多问题。为此,研究人员提出了许多新的概念和电池结构来解决上述问题,并取得了进展。

本课题所制备的 Si-NPA 作为一种典型的 Si 纳米材料,是一种微米、纳米多级层次结构的规则 Si 纳米体系,具有特殊的物理特性和化学特性。例如其在 400～1 100 nm 薄膜范围内的平均积分反射率小于 4%,用于制备太阳能电池时可以避免专门设计陷光结构。

CdS 作为一种典型的直接宽带隙半导体材料,由于它的本征吸收峰在太阳光谱最强烈的区域,而且具有高的载流子迁移率[$3×10^5$ cm²/(V·s)],光生电子和空穴在其中很容易分离,此外它还具有良好的热稳定性,因此 CdS 是制备太阳能电池的理想材料,常被用作窗口层[53]。CdS 用于制备太阳能电池有两个优点:(1) 由于 CdS 层对于能量小于 2.4 eV 的光是透明的,因此该层可以做得很厚,可以有效减小薄层电阻,减小电池串联电阻,从而降低能量损耗。(2) 电池的结构通常是异质结形,因此可减少表面复合问题,收集效率较高。因此,本实验组之前以 Si-NPA 为功能型衬底,采用 CBD 方法在其表面沉积了一层连续的 CdS 薄膜,并对此异质结构阵列的光伏特性进行研究,发现此异质结构阵列具有明显的光伏性质,但是其转换效率非常低,仅为 $1.15×10^{-6}$。其光照下的 J-U 特性曲线如图 2-18 所示。其串联电阻 R_s 约为 93.8 kΩ,开路电压 U_{oc} 约为 290 mV,短路电流密度 J_{sc} 约为 3.16 μA/cm²,光电转换效率 η 约为 $2.60×10^{-6}$。可见其转换效率仍然很低,其原因是串联电阻过大。通常太阳能电池的串联电阻由半导体材料电阻、电极电阻以及半导体材料与电极之间的接触电阻组成。此器件电极接触均为欧姆接触,电极电阻和接触电阻均较小,如此大的串联电阻主要来自半导体自身电阻,即 CdS 薄膜的电阻。所以,如果可以有效降低 CdS 薄膜的电阻率,那么电池的转换效率将会得到大幅提高。

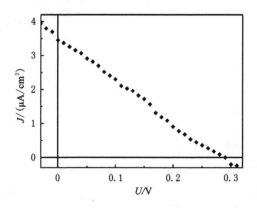

图 2-18　CdS/Si-NPA 复合体系的光照 J-U 特性曲线

2.6　本章小结

本章讨论了 CdS/Si-NPA 复合体系的制备、表征及其性能。Si-NPA 具有独特的光学特性,在 400～1 100 nm 内的平均积分反射率小于 4%,在光电器件方面具有潜在的应用价值。CdS/Si-NPA 是基于 Si-NPA 的一种非传统多界面纳米异质结,CdS 的性能对此结构有很大影响。因此,首先介绍了 CdS/Si-NPA 的制备方法和结构特征,然后对 CdS/Si-NPA 的性能进行研究。具体结论如下:

(1) 首先采用 CBD 法在衬底 Si-NPA 上制备了 CdS/Si-NPA。CdS/Si-NPA 是由无数 n 型的 CdS 纳米晶和 p 型的 Si 纳米晶组成的 CdS/Si-NPA 异质结构。每一个纳米异质结均构成载流子的传输通道,因而有效缩短了光生载流子迁移的路程,降低了其复合概率,从而有助于 CdS/Si-NPA 纳米异质结阵列电池效率的提高。由于 CBD 的制备条件对样品的形貌、结构和性能有严重影响,因此讨论了不同生长时间和加入不同量缓冲剂对 CdS/Si-NPA 的影响。最终得到最佳制备条件为:反应溶液由 0.03 mol/L 醋酸镉、0.1 mol/L 硫脲、2.25 mol/L 氨水和 0.05 mol/L 缓冲剂醋酸铵配置而成,反应温度为 70 ℃,反应时间为 40 min。

(2)光致发光谱是用以研究半导体材料带隙、缺陷态以及缺陷能级的一种有效工具。尤其是变温光致发光谱,可以根据峰位能和峰强等随温度的变化确定载流子内部的非辐射复合过程。

在 370 nm 的光照下,CdS/Si-NPA 的变温 PL 谱有 4 个发射峰,分别为约 436 nm 的蓝光峰、约 563 nm 的绿光峰、约 688 nm 的红光峰和约 810 nm 的红外光峰。通过对样品变温光致发光谱的研究,得到蓝光来自 nc-Si 中与氧相关的缺陷态,绿光来自 nc-CdS 的近带边发射,红光来自表面态电子到镉空位相关能级的跃迁,红外光来自表面态电子到硫间隙相关能级的跃迁。另外,绿光峰位随温度升高出现"Λ"形变化,先"蓝移"(10～100 K),后"红移"(100～300 K),这种变化是由束缚激子的去局域化过程所造成的。此外还发现,绿光峰在低温(10～100 K)和高温(100～300 K)具有不同的非辐射复合过程。因其热激活能在低温区和高温区分别为 11.3 meV 和 29.5 meV,所以判定低温区的非辐射复合过程主要是束缚激子的去局域化过程,高温区域的非辐射复合过程主要是 LO 声子被缺陷态散射所产生的热逃逸过程。

(3)通过测试 CdS/Si-NPA 的 J-U 曲线,分析了其内部载流子的运输机制。测试结果表明该异质结具有较好的整流特性,其开启电压为 1.2 V。正向偏压 3.0 V 时,电流密度为 149.4 mA/cm^2。在反向偏压 3.0 V 下,漏电流密度为 8.9 mA/cm^2。在 ±3.0 V 偏压下整流比为 16.7。反向击穿电压大于 3.2 V。理想因子 n 为 28.9。

通过对 J-U 曲线进行双对数变形,可以看到三个区域:小于 0.5 V 的线性区域、0.5～1.2 V 的非线性区域、大于 1.2 V 的线性区域。通过理论分析可知,低压下的线性区域为欧姆传导区域,较高压下的非线性区域为过渡区,随着外加电压的增大,超过了开启电压时,注入的载流子浓度高于热平衡载流子浓度,缺陷能级被逐渐填满。高压下的线性区域为 SCLC 传导区域。对于基于 CdS/Si-NPA 复合体系的异质结器件,SCLC 传导占主要部分。

(4)通过测试 CdS/Si-NPA 复合体系在不同电压下的电致发光性能和光伏性能,发现其电致发光谱只有一个位于 400～600 nm 的绿光发射带,并且随着电压的增大 EL 强度不断增大。经高斯拟合后,此绿光发光带是由位于约 480 nm 和约 550 nm 的两个绿光峰组成的,而且峰位与 PL 谱峰位一致。对其光照 J-U 关系研究发现,其具有明显的光伏性能,光电转换效率非常低,但是通过合理的器件优化,有望成为高性能的光伏器件。

参 考 文 献

[1] HULLAVARAD N V, HULLAVARAD S S, KARULKAR P C. Cadmium sulphide (CdS) nanotechnology: synthesis and applications[J]. Journal of nanoscience and nanotechnology, 2008, 8(7): 3272-3299.

［2］NOVRUZOV V D,KESKENLER E F,TOMAKINM,et al. Effects of ultraviolet light on B-doped CdS thin films prepared by spray pyrolysis method using perfume atomizer ［J］. Applied surface science,2013,280:318-324.

［3］ABKEN A E,HALLIDAY D P,DUROSEK. Photoluminescence study of polycrystalline photovoltaic CdS thin film layers grown by close-spaced sublimation and chemical bath deposition［J］. Journal of applied physics,2009,105(6):064515.

［4］MANE R S,LOKHANDE CD. Chemical deposition method for metal chalcogenide thin films［J］. Materials chemistry and physics,2000,65(1):1-31.

［5］RAVICHANDRAN K,SENTHAMILSELVIV. Effect of indium doping level on certain physical properties of CdS films deposited using an improved SILAR technique ［J］. Applied surface science,2013,270:439-444.

［6］DE MELO O,HERNAÁNDEZ L,ZELAYA-ANGELO,et al. Properties of chemical bath deposited CdS films at different annealing conditions［C］//The 8th Latin American congress on surface science:Surfaces,vacuum,and their applications. Mexico: ［s. n.］,1996:188-192.

［7］KONG L J,LI J M,CHEN G L,et al. A comparative study of thermal annealing effects under various atmospheres on nano-structured CdS thin films prepared by CBD ［J］. Journal of alloys and compounds,2013,573:112-117.

［8］贺川. CdS/Si-NPA 异质结构阵列的光伏特性研究［D］. 郑州:郑州大学,2011.

［9］ORTEGA-BORGES R,LINCOT D. Mechanism of chemical bath deposition of cadmium sulfide thin films in the ammonia-thiourea system:in situ kinetic study and modelization［J］. Journal of the electrochemical society,1993,140(12),3464-3473.

［10］TEC-YAM S,PATIŇO R,OLIVA AI. Chemical bath deposition of CdS films on different substrate orientations［J］. Current applied physics,2011,11(3):914-920.

［11］ERKAN M E,JIN M HC. Effect of flow dynamics on the growth kinetics of CdS thin films in chemical bath deposition［J］. Materials chemistry and physics,2012,133(2-3):779-783.

［12］李勇. 硫化镉/硅多界面纳米异质结光电特性研究［D］. 郑州:郑州大学,2014.

［13］QIAN G X,HUO K F,FU JJ,et al. In situ growth of aligned CdS nanowire arrays on Cd foil and their optical and electron field emission properties［J］. Journal of applied physics,2008,104(1):014312.

［14］LEEJ. Raman scattering and photoluminescence analysis of B-doped CdS thin films ［J］. Thin solid films,2004,451-452:170-174.

［15］MUHAMMAD I B U,ZHANG J,CHEN R,et al. Synthesis and optical properties of II-VI 1D nanostructures［J］. Nanoscale,2012,5(5):1422-1435.

［16］PÄSSLER R. Parameter sets due to fittings of the temperature dependencies of fundamental bandgaps in semiconductors［J］. Physica status solidi(b),1999,216(2):975-1007.

［17］CULLIS A G,CANHAM LT. Visible light emission due to quantum size effects in highly porous crystalline silicon[J]. Nature,1991,353(6342):335-338.

[18] LÓPEZ R,GÓMEZR. Band-gap energy estimation from diffuse reflectance measurements on Sol-gel and commercial TiO$_2$: a comparative study[J]. Journal of sol-gel science and technology,2012,61(1):1-7.

[19] KLAAS J,SCHULZ-EKLOFF G,JAEGER N I. UV-visible diffuse reflectance spectroscopy of zeolite-hosted mononuclear titanium oxide species[J]. The journal of physical chemistry B,1997,101(8):1305-1311.

[20] DÍAZ R,MERINO J M,MARTÍN T,et al. An approach to the energy gap determination from reflectance measurements[J]. Journal of applied physics,1998,83(1): 616-618.

[21] RMILI A,OUACHTARI F,BOUAOUDA,et al. Structural,optical and electrical properties of Ni-doped CdS thin films prepared by spray pyrolysis[J]. Journal of alloys and compounds,2013,557:53-59.

[22] ZHAO X H,WEI A X,ZHAOY,et al. Structural and optical properties of CdS thin films prepared by chemical bath deposition at different ammonia concentration and S/ Cd molar ratios[J]. Journal of materials science:materials in electronics,2013,24(2): 457-462.

[23] BAGAEV E A,ZHURAVLEV K S,SVESHNIKOVA LL. Temperature dependence of photoluminescence from CdS nanoclusters formed in the matrix of Langmuir-Blodgett film[J]. Physica status solidi(c),2006,3(11):3951-3954.

[24] IKHMAYIES S J,AHMAD-BITAR RN. Temperature dependence of the photoluminescence spectra of CdS:In thin films prepared by the spray pyrolysis technique[J]. Journal of luminescence,2013,142:40-47.

[25] KANEMITSU Y,NAGAI T,YAMADAY,et al. Temperature dependence of free-exciton luminescence in cubic CdS films[J]. Applied physics letters,2003,82(3): 388-390.

[26] ZHAO J L,DOU K,CHEN YM,et al. Temperature dependence of photoluminescence in CdS nanocrystals prepared by the Sol-gel method[J]. Journal of Luminescence, 1995,66-67:332-336.

[27] LAMBE J J,KLICK C C,DEXTER DL. Nature of edge emission in cadmium sulfide [J]. Physical review,1956,103(6):1715-1720.

[28] MAEDAK. Nature of the edge emission in cadmium sulfide[J]. Journal of physics and chemistry of solids,1965,26(9):1419-1430.

[29] GU X Q,SONG D M,ZHAO YL,et al. Preparation,optical properties and solar cell applications of CdS quantum dots synthesized by chemical bath deposition[J]. Journal ofmaterials science:materials in electronics,2013,24(8):3009-3013.

[30] SANGUINETTI S,HENINI M,GRASSI ALESSIM,et al. Carrier thermal escape and retrapping in self-assembled quantum dots[J]. Physical review B,1999,60(11): 8276-8283.

［31］ PEDROTTI L S,REYNOLDS DC. Change in structure of blue and green fluorescence in cadmium sulfide at low temperatures［J］. Physical review,1960,119(6):1897-1898.

［32］ CHO Y H,GAINER G H,FISCHER AJ,et al. "S-shaped" temperature-dependent emission shift and carrier dynamics in InGaN/GaN multiple quantum wells［J］. Applied physics letters,1998,73(10):1370-1372.

［33］ LIU B,CHEN R,XU XL,et al. Exciton-related photoluminescence and lasing in CdS nanobelts［J］. The journal of physical chemistry C,2011,115(26):12826-12830.

［34］ WU Y H,ARAI K,YAOT. Temperature dependence of the photoluminescence of ZnSe/ZnS quantum-dot structures ［J］. Physical review B, 1996, 53 (16): R10485-R10488.

［35］ LIU B,XU G Q,GAN LM,et al. Photoluminescence and structural characteristics of CdS nanoclusters synthesized by hydrothermal microemulsion［J］. Journal of applied physics,2001,89(2):1059-1063.

［36］ CHESTNOY N,HARRIS T D,HULLR,et al. Luminescence and photophysics of cadmium sulfide semiconductor clusters:the nature of the emitting electronic state ［J］. The journal of physical chemistry,1986,90(15):3393-3399.

［37］ VIGIL O,RIECH I,GARCIA-ROCHAM,et al. Characterization of defect levels in chemically deposited CdS films in the cubic-to-hexagonal phase transition［J］. Journal ofvacuum science & technology a:vacuum, surfaces, and films, 1997, 15 (4): 2282-2286.

［38］ WANG Y,HERRONN. Photoluminescence and relaxation dynamics of cadmium sulfide superclusters in zeolites［J］. The journal of physical chemistry,1988,92(17): 4988-4994.

［39］ 江剑平,孙成城. 异质结原理与器件［M］. 北京:电子工业出版社,2010.

［40］ 韩昌报. GaN/Si 纳米异质结构阵列的光电-电光性能研究与原型器件制备［D］. 郑州: 郑州大学,2012.

［41］ XU H J,LI XJ. Rectification effect and electron transport property of CdS/Si nanoheterostructure based on silicon nanoporous pillar array［J］. Applied physics letters, 2008,93(17):172105.

［42］ HAN C B,HE C,LI XJ. Near-infrared light emission from a GaN/Si nanoheterostructure array［J］. Advanced materials,2011,23(41):4811-4814.

［43］ 许海军. 硅纳米孔柱阵列及其硫化镉纳米复合体系的光学特性研究［D］. 郑州:郑州大学,2005.

［44］ GOKARNA A,PAVASKAR N R,SATHAYE SD,et al. Electroluminescence from heterojunctions of nanocrystalline CdS and ZnS with porous silicon［J］. Journal of applied physics,2002,92(4):2118-2124.

［45］ YAKUPHANOGLU F,CAGLAR Y,CAGLARM,et al. ZnO/p-Si heterojunction photodiode by sol-gel deposition of nanostructure n-ZnO film on p-Si substrate［J］. Materialsscience in semiconductor processing,2010,13(3):137-140.

[46] DE BRUYN P, VAN REST A H P, WETZELAER G AH, et al. Diffusion-limited current in organic metal-insulator-metal diodes[J]. Physical review letters, 2013, 111 (18):186801.

[47] LAMPERT M A, MARKP. Current Injection in Solids[M]. New York: Academic Press, 1970.

[48] TSENG Z L, KAO P C, SHIH MF, et al. Electrical bistability in hybrid ZnO nanorod/polymethylmethacrylate heterostructures [J]. Applied physics letters, 2010, 97 (21):212103.

[49] MUKHERJEE A, VICTOR P, PARUIJ, et al. Leakage current behavior in pulsed laser deposited $Ba(Zr_{0.05} Ti_{0.95})O_3$ thin films[J]. Journal of applied physics, 2007, 101 (3):034106.

[50] SON D I, YOU C H, JUNG JH, et al. Carrier transport mechanisms of organic bistable devices fabricated utilizing colloidal ZnO quantum dot-polymethylmethacrylate polymer nanocomposites[J]. Applied physics letters, 2010, 97(1):013304.

[51] WANG Y, SUNA A, MCHUGHJ, et al. Optical transient bleaching of quantum-confined CdS clusters: The effects of surface-trapped electron-hole pairs[J]. The journal of chemical physics, 1990, 92(11):6927-6939.

[52] SPANHEL L, HAASE M, WELLERH, et al. Photochemistry of colloidal semiconductors. 20. Surface modification and stability of strong luminescing CdS particles[J]. Journal of the american chemical society, 1987, 109(19):5649-5655.

[53] 蔡亚平, 李卫, 冯良桓, 等. 化学水浴法制备大面积 CdS 薄膜及其光伏应用[J]. 物理学报, 2009, 58(1):438-443.

3 掺杂 B 元素 CdS/Si-NPA 的制备、表征及其光电性能

通过前面的分析可知掺杂会对半导体纳米材料的性能产生重要影响,如掺杂离子会在半导体纳米材料的禁带中引入一些杂质能级,还会参与光致载流子的快速俘获和释放过程,这些都会引起半导体纳米材料性能的改变。据相关报道,ⅢA族元素(B、Al、Ga、In)的掺入将会明显改善Ⅱ-Ⅵ族化合物半导体薄膜的光电学性能[1-3]。其中,B 的离子半径(0.23 Å)最小,电负性最高(2.04 泡利标度法),所以应用最广[4]。C. Y. Tsay 等通过溶液法制备了掺杂 B 的 ZnO 薄膜,发现掺杂后 ZnO 薄膜的电阻率减小至 2.2×10^2 Ω・cm,电子浓度增大至 1.2×10^{15} cm^{-3},霍尔迁移率增大至 17.9 cm^2/(V・s)[1]。S. Kim 等通过溶胶凝胶法在石英玻璃上制备了掺杂 B 的 ZnO 薄膜,发现其透射率明显增大,电阻率显著减小,得到的最低的电阻率为 74.3 Ω・cm[5]。同时他们还通过 LSMCD 方法制备了颗粒尺寸为 16～22 nm 的掺杂 B 的多晶 ZnO 薄膜,发现合适的掺杂后其电阻率可降至约 10^{-2} Ω・cm[6]。B. N. Pawar 等采用化学喷雾热解法(CSP)在玻璃上制备了掺杂 B 的 ZnO 薄膜,发现其透射率超过 90%,电阻率降低至 2.54×10^{-3} Ω・cm[7]。J. H. Lee 课题组通过 CBD 法在玻璃衬底上制备了掺杂 B 的 CdS 薄膜,发现掺入 B 后显著降低了 CdS 薄膜的电阻率,且在合适的掺杂量(H_3BO_3 与 $CdAc_2$ 的物质的量浓度比为 0.01)时获得最小的电阻率(2 Ω・cm)。此外,适量的掺杂 B 会增大 CdS 薄膜的电导率、载流子浓度和透射率,提升 CdS/CdTe 的光伏性能[2,8-9]。

K. L. Narayanan 等首先通过化学方法在 ITO 玻璃上制备了 CdS 薄膜,然后采用离子束注入的方法将不同浓度的 B 掺入 CdS 薄膜中,发现 B 的掺入同样增加了 CdS 的电子浓度,提高了其电子迁移率,并且确认了 B 的掺入方法为晶格替代,B^{3+} 占据了 Cd^{2+} 的位置,并在禁带中形成浅施主能级[10]。H. Khallaf 等通过 CBD 方法制备了原位生长的掺杂 B 的 CdS 薄膜,并发现适量掺杂可以将其电阻率降低至 1.7×10^{-2} Ω・cm,载流子浓度增大至 1.91×10^{19} cm^{-3}[11]。

本章将研究掺杂 B 元素对 CdS/Si-NPA 的形貌、结构和光电性能的影响。

3.1 掺杂 B 元素 CdS/Si-NPA 的制备

采用第 2 章得到的最佳制备条件,制备了掺杂 B 元素的 CdS/Si-NPA(CdS:B/Si-NPA)。反应溶液中各物质的含量分别为:醋酸镉 0.03 mol/L、硫脲 0.1 mol/L、氨水 2.25 mol/L 和缓冲剂醋酸铵 0.05 mol/L。反应温度为 70 ℃。反应时间为 40 min。选择硼酸(H_3BO_3)作为掺杂元素 B 源。掺杂量依据 H_3BO_3 与 $Cd(Ac)_2$ 的物质的量比 $n(B):n(Cd)$ 来确定,分别为 0.001、0.01 和 0.1。

样品制备的方法及过程与 2.1.1 节所述相同。首先将醋酸镉和 75 mL 去离子水加入反应烧杯,并将反应烧杯置于恒温磁力搅拌器中开始升温,同时用小磁子以 30 r/s 的速度搅拌溶液,3 min 后加入硼酸,再过 5 min 后加入醋酸铵,继续搅拌 5 min 后加入氨水。待温度升至 68 ℃,加入硫脲。继续加热直至温度升至 70 ℃,竖直放入新制备的衬底 Si-NPA。之后维持 70 ℃ 恒温。40 min 后取出样品用去离子水反复冲洗,氮气氛围干燥,即制得掺杂 B 元素的 CdS/Si-NPA 样品。为方便讨论,将掺杂不同浓度 B 的样品进行统一标记。掺杂量 $n(B):n(Cd)=0.001$ 的样品标记为 B-0.001;掺杂量 $n(B):n(Cd)=0.01$ 的样品标记为 B-0.01;掺杂量 $n(B):n(Cd)=0.1$ 的样品标记为 B-0.1;未掺杂样品标记为 B-0。为了方便对比,在所有测试中测试了未掺杂样品的性能。

3.2 掺杂 B 元素 CdS/Si-NPA 的表面形貌

图 3-1 为 CdS/Si-NPA 和 CdS:B/Si-NPA 样品的 FE-SEM 图。从图中可以看出,B 元素的加入未影响 CdS/Si-NPA 复合体系的整体形貌,规则的阵列结构依然保持,衬底 Si-NPA 表面被 CdS 纳米颗粒均匀覆盖,形成一层均匀、连续的 CdS 薄膜。不同掺杂浓度的样品的柱子高度不同,可能是由于本身衬底 Si-NPA 的 Si 柱高度不同所致。随着掺杂浓度的增大,薄膜厚度和 CdS 纳米颗粒尺寸都有所减小,均匀性变差。样品 B-0.001 中 CdS 薄膜最厚,由大量 CdS 纳米大颗粒组成,表面粗糙度高,如图 3-1(c) 和图 3-1(d) 所示。样品 B-0.1 表面均匀性非常差,有大量颗粒团聚物,疑似未均匀成膜,如图 3-1(g) 和图 3-1(h) 所示。样品 B-0.01 表面薄膜均匀性好,颗粒尺寸分布较未掺杂时窄,有利于制作 CdS/Si-NPA 光电器件,如图 3-1(e) 和图 3-1(f) 所示。

为了揭示掺杂 B 对 CdS/Si-NPA 界面的影响,将样品表面被 B 掺杂 CdS 包裹的 Si 柱刮下,用透射电子显微镜进行测试分析,如图 3-2 所示,结果与未掺杂 CdS/Si-NPA[图 2-6(c)] 的相似,可以观测到许多集中分布的 nc-Si 和 nc-CdS 晶区叠交在一起,无明显界面。可见 B 元素的加入没有破坏 nc-Si 和 nc-CdS 的晶体结构,也没有影响 CdS/Si-NPA 多界面纳米异质结构的形成。

硼酸的加入会影响反应溶液的 pH 值。由 CBD 反应机制可知,Cd 盐的解离速度、CdS 的生长速度和 CdS 的化学计量比都会受到影响,所以对样品的元素含量进行 EDS 分析。如图 3-3(a) 所示,分别从柱子的顶端、中部和底部选取 4 个或 6 个点进行 EDS 分析,其元素含量见表 3-1。由于 B 原子量较小,超过 EDS 的探测极限,所以表中没有 B 元素含量。表中 O 元素来自被氧化的衬底(衬底 Si-NPA 在空气中易被氧化)[12]。很明显,随着掺杂浓度的增大,各元素含量明显改变。其中,S 和 Cd 的含量随掺杂量 $n(B):n(Cd)$ 的增加而减小。当掺杂量 $n(B):n(Cd)$ 增大到 0.01 时,S 和 Cd 的含量达最小值,之后保持不变。主要是由于 B 酸的加入降低了反应溶液的 pH 值,降低了 Cd 盐的解离和 Cd^{2+} 的生成速度,CdS 的生长速度变慢。S 和 Cd 含量物质的量比 $[n(S):n(Cd)]$ 随 $n(B):n(Cd)$ 的增大,先从 0.983 $[n(B):n(Cd)=0]$ 增加到 1.174 $[n(B):n(Cd)=0.01]$,后又减小到 1.159 $[n(B):n(Cd)=0.1]$。考虑到 EDS 探测灵敏度和测量误差,我们认为掺杂浓度 $n(B):n(Cd)=0.01$ 和 $n(B):n(Cd)=0.1$ 的样品中 $n(S):n(Cd)$ 处于同一范围内,B 元素对 Cd 元素的影响在掺杂量 $n(B):n(Cd)=0.01$ 时已达到最大。由表 3-1 中数据可知,未掺杂样品(样品 B-0)是富 Cd 的,而掺杂后样品(样品 B-0.001、

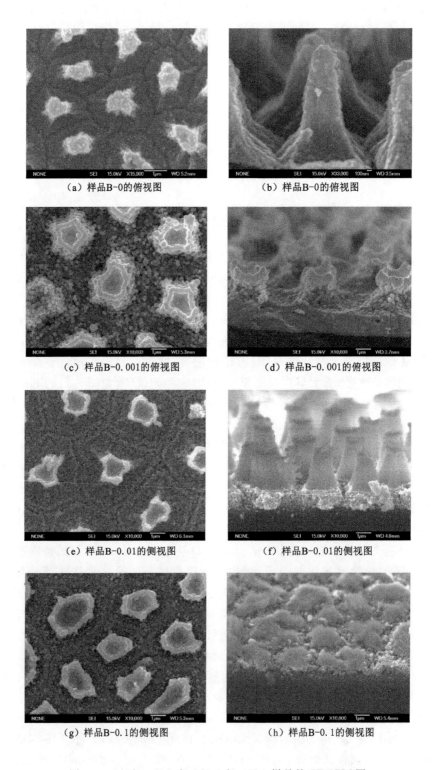

（a）样品B-0的俯视图　　　　（b）样品B-0的俯视图

（c）样品B-0.001的俯视图　　（d）样品B-0.001的俯视图

（e）样品B-0.01的侧视图　　　（f）样品B-0.01的侧视图

（g）样品B-0.1的侧视图　　　（h）样品B-0.1的侧视图

图 3-1　CdS/Si-NPA 和 CdS：B/Si-NPA 样品的 FE-SEM 图

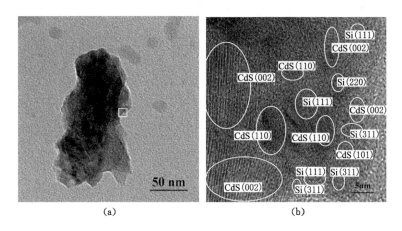

图 3-2 CdS/Si-NPA 和 CdS：B/Si-NPAB-0.01 柱子边缘的 HR-TEM 图

B-0.01 和 B-0.1)均为富 S 的。据相关文献报道,掺入 B 后,由于 B 离子半径(0.20 Å)[5]小于 Cd 离子半径(约 0.97 Å),易发生晶格替代[2,10]。所以,$n(S):n(Cd)$ 的变化规律表明,当掺杂量较低时,掺入的 B 将进行晶格替代,B 元素将替代 CdS 中的 Cd 元素占据格点位置,且随着掺杂量的增加替代量不断增大,Cd 含量不断减小,所以 $n(S):n(Cd)$ 不断增大。随着掺杂量 $n(B):n(Cd)$ 增加到0.01,掺入的 B 元素不但进入 CdS 中 Cd 的格点位置发生晶格替代,而且进入晶格间隙发生间隙填隙,即 B 对 Cd 的晶格替代达到了饱和,B 元素不再进入晶格而是进入间隙,成为填隙原子,故 $n(S):n(Cd)$ 达到峰值。随着掺杂量的进一步增加[$n(B):n(Cd)>$ 0.01],掺入的 B 元素主要进入晶格间隙成为填隙原子,所以 $n(S):n(Cd)$ 不再增加。由于所有样品元素种类相同,只是含量不同,所以仅给出样品 B-0.01 中各元素谱线图作为代表,如图 3-3(b)所示。由 $n(S):n(Cd)$ 随 B 元素掺杂量的变化可知,掺杂后 CdS/Si-NPA 复合体系的光学性能和电学性能将随之改变。

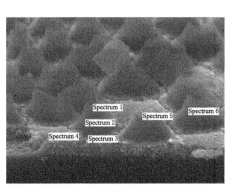

（a）EDS光谱点分布图

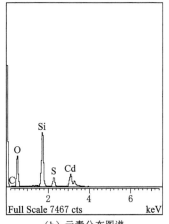

（b）元素分布图谱

图 3-3 样品 B-0.01 的 EDS 光谱点分布图和元素分布图谱

表 3-1　掺杂不同量[$n(B):n(Cd)$]样品 CdS/Si-NPA 的元素含量(原子百分比)表

样品名称	O	Si	S	Cd
B-0[$n(S):n(Cd)=0.983$]	12.936%	28.2%	29.180%	29.684%
B-0.001[$n(S):n(Cd)=1.098$]	18.871%	29.549%	24.586%	26.995%
B-0.01[$n(S):n(Cd)=1.174$]	28.870%	34.861%	19.585%	16.683%
B-0.1[$n(S):n(Cd)=1.159$]	22.791%	34.146%	22.957%	20.107%

3.3　掺杂 B 元素 CdS/Si-NPA 的结构

图 3-4 是掺杂不同量样品的 XRD 图。从图中可以看出,与未掺杂样品相比,B 掺杂后的样品均没有出现新的衍射峰。图中所有衍射峰都来自六方相 CdS,分别是约位于 24.95°的 CdS(100)、26.61°的 CdS(002)、28.17°的 CdS(101)、36.65°的 CdS(102)、44.13°的 CdS(110)、48.23°的 CdS(103)和 52.38°的 CdS(112)晶面衍射峰。并且随着掺杂量的增加,峰位没有明显移动。这表明 B 元素的掺入不影响 CdS 的晶体结构,即不影响薄膜的结晶质量。

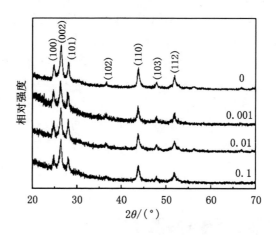

图 3-4　掺杂不同量样品的 XRD 图

对于六方相晶体,可以采用公式 $\dfrac{1}{d_{hkl}^2} = \dfrac{4}{3}\left(\dfrac{h^2+hk+k^2}{a^2}\right) + \dfrac{l^2}{c^2}$ (h,k,l 为晶面指数)对 XRD 数据进行分析,得到晶体的晶格常数 a 和 c 等参数[13-14]。表 3-2 列出了不同掺杂浓度样品的晶格常数 a 和 c 值。很明显,随着掺杂浓度的增大,a、c 值先减小后增大。掺杂量 $n(B):n(Cd)=0.01$ 时获得最小值,表明在掺杂量较低[$n(B):n(Cd)<0.01$]时,B 占据了 Cd 的位置,发生晶格替代[10]。由于 B 的离子半径(0.23 Å)小于 Cd 的离子半径(0.97 Å),所以掺入 B 后,晶格常数 a、c 均变小[11]。随着掺杂浓度增大到 $n(B):n(Cd)=0.01$,晶格替代达到饱和,部分 B 元素开始进入晶格间隙,成为填隙原子,所以 a、c 值达到最小值。之后随着掺杂浓度进一步增大,B 元素主要进入间隙,成为填隙原子,所以 a、c 值又开始增大。

晶格畸变程度可以通过晶格常数 a 和 c 的比值来判别[15]。随着掺杂浓度的增大，a/c 值变化微小，进一步表明加入 B 对 CdS 晶体结构影响不大，与 HR-TEM 结构一致。

表 3-2　不同掺杂浓度样品的晶格常数 a 和 c 值

样品名称	a/Å	c/Å	a/c
B-0	4.141	6.761	0.612 5
B-0.001	4.129	6.752	0.611 5
B-0.01	4.117	6.732	0.611 6
B-0.1	4.132	6.747	0.612 4

为了进一步研究掺杂 B 对 CdS 精细结构的影响，对掺杂 B 的 CdS/Si-NPA 进行室温拉曼光谱测试，如图 3-5 所示，测试范围为 $200\sim800\ \mathrm{cm^{-1}}$。所有样品均在 $300\ \mathrm{cm^{-1}}$ 和 $600\ \mathrm{cm^{-1}}$ 附近出现峰值，分别对应 CdS 的第一纵光学声子模（1LO）和第二纵光学声子模（2LO）[16-18]。随着掺杂浓度的增大，1LO 峰位不断向小波数方向移动，2LO 峰移动不明显。据相关文献，LO 声子模主要来自 c 轴的振动，因此 1LO 峰不断向小波数方向移动，表明掺杂 B 后 CdS 的 c 轴受到压应力的作用，间接证明 B 已被有效地掺入到 CdS 薄膜中[19]。与块体 CdS 的 1LO 声子模（$305\ \mathrm{cm^{-1}}$）[20-22] 相比，所有样品的 1LO 声子模都往小波数方向移动，峰变宽且不对称，都是由 CdS 的纳米尺寸效应导致的[23-24]。与文献报道的 1LO 峰半高宽（FHWM）值 $20\sim30\ \mathrm{cm^{-1}}$ 相比[9]，实验所得样品 1LO 的半高宽均处于文献报道的最低值，表明制备的 CdS 薄膜质量较高。由表 3-3 可知，对于 1LO 和 2LO 峰强，掺杂样品均强于未掺杂；对于 1LO 峰的半高宽值，掺杂样品均小于未掺杂样品，表明 B 的掺入提高了样品的结晶质量，有利于基于此复合体系的光电器件性能的改善。

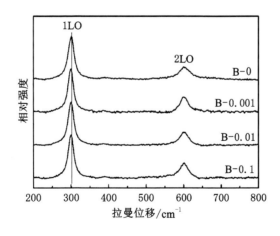

图 3-5　不同掺杂浓度样品的拉曼位移图

表 3-3　块体 CdS 和掺杂不同掺杂浓度样品的峰位和 1LO 峰对应的半高宽　　　　单位：cm^{-1}

样品名称	1LO		2LO
	峰位	半高宽	峰位
B-0	301	19.74	600
B-0.001	300	18.81	599
B-0.01	299	17.49	599
B-0.1	299	18.09	600

3.4　掺杂 B 元素 CdS/Si-NPA 的物理性能

3.4.1　掺杂 B 元素 CdS/Si-NPA 的光学性能

光致发光光谱可用于探测材料的电子结构，是一种非接触、无损伤的测试方法，通常可用于检测材料带隙、杂质能级和缺陷，以及鉴定材料内部复合机制和材料品质。例如，对于轻掺杂的半导体材料，如果在半导体中形成施主能级，那么根据计算所得光致发光谱中杂质发光谱的能量就可以确定杂质能级位置。对于重掺杂的半导体材料，往往会在禁带中形成杂质能带，在光致发光谱中表现为发光带，对其发光带的峰强和半高宽的测定可以确定杂质浓度。

温度对半导体材料的性能有重要影响，如随着温度的降低，电子与声子之间的相互作用减弱，会导致材料带隙、声子谱、光致发光谱等的变化。对其变温光致发光谱的测试将会反映其内部跃迁复合过程和缺陷能级等相关信息。因此，光致发光谱，尤其是变温光致发光谱，是研究掺杂半导体纳米材料的有效工具。为了研究 B 的掺入对 CdS 薄膜带隙、缺陷能级和内部跃迁复合的影响，分别测试了掺杂 B 后样品的室温和变温 PL 谱。

3.4.1.1　掺杂 B 元素 CdS/Si-NPA 的室温光致发光特性

图 3-6(a)为不同掺杂浓度样品的室温 PL 谱图（激发波长为 370 nm），同时安装 400 nm 长波通滤光片以消除杂散光和二级衍射光的影响。由图 3-6 可以看出，所有样品的 PL 谱都有 4 个发射峰，分别为 2 个绿光峰（G 峰）、1 个红光峰（R 峰）和 1 个红外发射峰（IR 峰）。为了确定各发射峰的精确位置，对所有样品的 PL 谱进行高斯拟合。由于拟合结果类似，仅以样品 B-0.1 的 PL 谱为例给出其高斯拟合图，如图 3-6(b)所示。高斯拟合后各发射峰具体位置分别为 510 nm(G_1)、540 nm(G_2)、733 nm(R)和 802 nm(IR)。众所周知，采用 CBD 法制备的 CdS 薄膜中会不可避免地引入较多的缺陷态[25]。根据前面的分析可知，位于 2.43 eV 的 G_1 发射峰来自 CdS 的导带电子到价带的跃迁，即带边发射；位于 2.30 eV 的 G_2 发射峰来自施主能级 Cd 间隙中电子到价带的跃迁[25-27]；位于 1.69 eV 的 R 发射峰来自导带电子到施主能级 Cd 空位的跃迁；位于 1.55 eV 的 IR 发射峰来自与 Cd 空位相关的表面态电子到价带的跃迁。由图 3-6(a)可知，随掺杂浓度的增大，PL 峰形变化剧烈，主要是由这 4 个发射峰相对峰强随 B 掺杂量急剧变化所致。所以结合 EDS 数据揭示这 4 个发射峰随掺杂量 n(B)：n(Cd)的变化机制将很好地解释样品 PL 的变化规律。

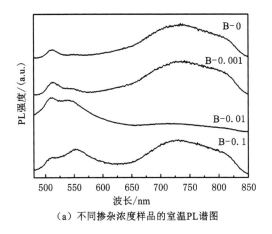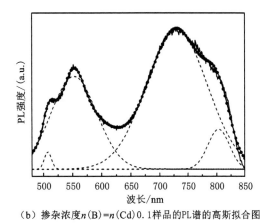

（a）不同掺杂浓度样品的室温PL谱图

（b）掺杂浓度n(B)=n(Cd)0.1样品的PL谱的高斯拟合图

图 3-6　不同掺杂浓度样品的室温 PL 谱图（激发波长 370 nm）和
掺杂浓度 n(B)：n(Cd)＝0.1 样品的 PL 谱的高斯拟合图

当掺杂浓度较低时，B 原子倾向于占据 Cd 空位[28]，导致 Cd 间隙和 S 间隙浓度增大。所以 G 发射峰强度增大，R 发射峰强度减小，并且 G 峰和 R 峰强度比随 n(B)：n(Cd) 增大而增大。然而，当掺杂浓度较高时，过多的 B 原子将形成中性缺陷，如团簇和沉淀物等[1,7]，所以 G 峰和 R 峰强度比达到最大值之后，随着 n(B)：n(Cd) 的进一步增大而减小，最大值在样品 B-0.01 中获得。此时，G 峰强度最大，而 R 峰最小，几乎消失。考虑到太阳光谱的特征，绿光为最强烈区域，所以 B 的掺入将会增强样品对太阳光中最强区域的光谱响应，从而提高器件光电转换效率。样品 B-0.01 的 G 峰最强，是制备高效太阳能电池的合适材料。

图 3-7 为不同掺杂浓度样品在 300～800 nm 范围内的积分反射谱。可以明显看出，随着掺杂浓度的增大，吸收边先"红移"［掺杂量 n(B)：n(Cd)＜0.01］后又轻微"蓝移"［掺杂量 n(B)：n(Cd)＝0.1］。同时伴随着吸收值的变化和掺杂浓度的增大，反射值先减小后增大，即吸收值先增大后减小。

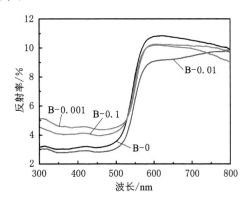

图 3-7　不同掺杂浓度样品在 300～800 nm 范围内的积分反射谱

吸收边的变化反映了带边电子的跃迁情况，即带隙 E_g 的变化。带隙 E_g 是半导体材料最重要的参数之一，其值决定了半导体材料的物理性能。由前面分析内容可知，针对我们的样品可以采用 K-M 方法来计算带隙，如图 3-8 所示。经计算可知，4 个样品的带隙 E_g 分别为 2.27 eV(B-0)、2.25 eV(B-0.001)、2.24 eV(B-0.01)和 2.26 eV(B-0.1)。由此可见，随着掺杂浓度的增大，E_g 的改变是非单调变化的，即先减小$[n(B):n(Cd)<0.01]$后增大$[n(B):n(Cd)>0.01]$，与相关文献报道吻合[11]。当掺杂量 $n(B):n(Cd)=0.01$ 时，E_g 达到最小值。当掺杂浓度较低$[n(B):n(Cd)<0.01]$时，B 元素将替代 Cd 元素，并与 S 缺陷一起在 CdS 带隙中产生施主能级。随着 $n(B):n(Cd)$ 的增大，施主能级退化合并进导带中，致使导带向带隙内扩展，所以 E_g 变小。当掺杂浓度较高时$[n(B):n(Cd)>0.01]$，E_g 增大是由伯斯坦-莫斯(B-M)效应所致[5]。B-M 效应是指在重掺杂半导体中，由于费米能级进入价带或导带，从而使得导带底(或者价带顶)的能量状态已经被占据。由于泡利不相容原理禁止双重占据，所以在导带中需要一个额外的能量更高的能量状态来保持价电子跃迁时的线动量守恒，因此带隙变大。

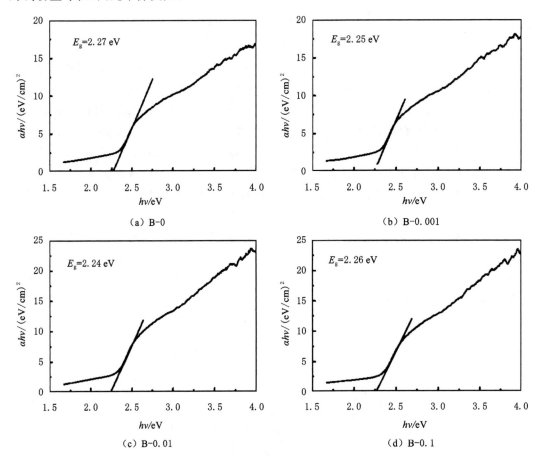

图 3-8   不同掺杂浓度样品的带隙计算图

3.4.1.2   掺杂 B 元素 CdS/Si-NPA 的变温光致发光特性

变温 PL 谱不但可以阐明 CdS 带隙发射的机制，也可以揭示关于 CdS 缺陷态的一些信息，如表面界面态、空位、间隙等。为了研究掺杂 B 对 CdS 内部缺陷态的影响，测试了不同掺杂浓度样品的变温 PL 谱,测试条件与室温 PL 测试一样,温度范围为 $10\sim300$ K,测试结果如图 3-9 所示。其中,未掺杂样品 B-0 已在前面详细讨论过,所以不再赘述,此处仅方便对比而列出。

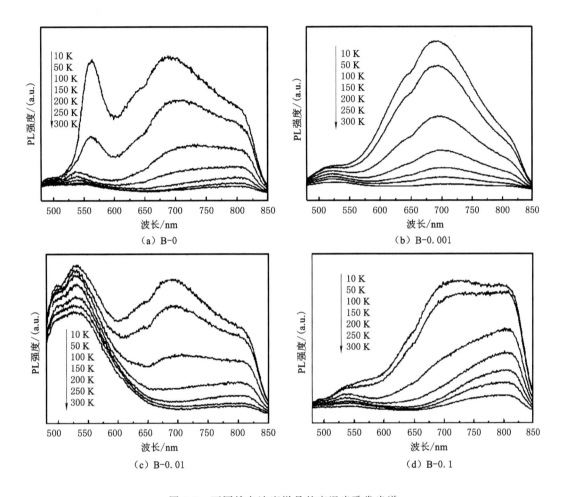

图 3-9 不同掺杂浓度样品的变温光致发光谱

由图 3-9 可以明显看出,虽然不同掺杂量的样品变温 PL 谱差别明显,但是每个样品的 PL 谱强度均随温度升高而减弱。每个样品的 PL 谱都由绿光、红光和红外光 3 个发射带组成。为了确定每个发射带的准确位置,对每个样品 10 K 时的 PL 谱进行高斯拟合,如图 3-10 所示。

所有样品的 PL 峰都由蓝光、绿光、红光和红外光发射峰组成。各样品中高斯峰的具体位置见表 3-4。由相关文献可知,G_1 峰应为 CdS 带边发射;G_2 峰来自 Cd 间隙相关能级上电子到价带的跃迁;R 峰与 Cd 空位相关;IR 峰与表面态相关。掺杂的 B 扮演填充 Cd 空位和中立硫空位的角色。所以合适的掺杂之后,R 峰减弱。但是过量的掺杂导致样品的表面缺陷态增多,因此掺杂后样品的红外发光带由 1 个变为 2 个,且强度减小。

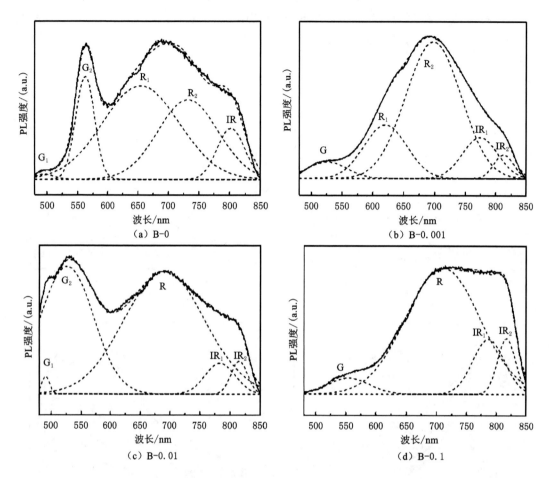

图 3-10　不同掺杂浓度样品 10 K 时的光致发光谱的高斯拟合图

表 3-4　不同掺杂浓度样品 10 K 时的光致发光谱的高斯拟合峰位　　单位：nm

样品名称	G₁峰	G₂峰	R₁峰	R₂峰	IR₁峰	IR₂峰
B-0	490	502	654	732		802
B-0.001		526	620	698	774	814
B-0.01	492	562	690		783	815
B-0.1		555		711	787	817

为了研究掺杂 B 对 CdS/Si-NPA 复合体系中载流子复合过程的影响,对各发射峰与温度的变化关系进行研究。按照复合时释放能量方式的不同,复合可分为辐射复合和非辐射复合。以光子辐射之外的其他方式释放能量的复合称为非辐射复合。非辐射复合主要有多声子复合和俄歇复合。图 3-11 给出了各发射带的积分强度随温度倒数的变化关系。由图 3-11 可以看出,在低温区各发射带积分强度随温度变化缓慢,但是达到一定温度值后,积分强度急剧减小,说明复合体系在低温和高温区应是两个不同的变化过程[29]。

根据半导体跃迁理论,发光强度随温度的变化可以用下面公式描述[30]:

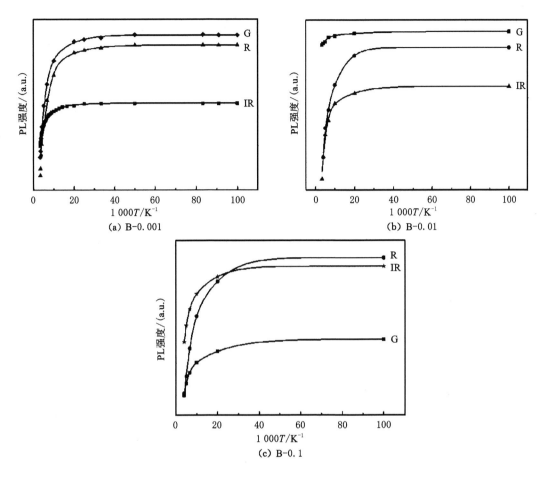

图 3-11　不同掺杂浓度样品的各发光峰与温度的关系曲线

$$I(T) = \frac{I_0}{1 + A_1 \exp[-E_1/(k_B T)] + A_2 \exp[-E_2/(k_B T)]}$$ (3-1)

式中，$I(T)$ 为温度为 T 时的 PL 强度；I_0 为 0 K 时的 PL 强度；A_1、A_2 为非辐射跃迁概率和辐射跃迁概率之比；E_1、E_2 为热激活能。

根据式(3-1)拟合得到各发光峰的 E_1、E_2 值，列于表 3-5 中。

由表 3-5 可知，对于 G 发射带，在高温区随着掺杂浓度的增加，热激活能从 83.2 meV 减小到 34.1 meV，之后又增加到 58.3 meV。R 发射带的热激活能变化趋势则相反，从开始的 46.4 meV 增加到 78.0 meV，之后又减小到 49.1 meV。而 IR 发光带的热激活能随掺杂浓度的增加几乎不变，保持在 63 meV 左右。CdS 的纵光学声子能和横光学声子能分别为 38 meV 和 34 meV[25]。可见各发光峰的热激活能或者接近光学声子能，或者是其 2~3 倍，表明在高温区域的主要热淬灭过程是声子辅助热逃逸过程。而 B 的掺入仅改变参与辅助的声子的量，并不改变其热淬灭机制。低温区的热淬灭主要是受主能级附近的局域态到受主能级的跃迁所导致的。

表 3-5　不同掺杂浓度样品各峰位激活能 E_1 和 E_2 值　　　　　单位：meV

样品		E_1	E_2
B-0.001	G	15.6±0.81	83.2±5.75
	R	8.58±1.78	46.4±5.49
	IR	11.1±1.29	61.9±9.26
B-0.01	G	4.99±1.0	34.1±2.96
	R	17.0±1.41	78.0±13.4
	IR	9.19±2.86	65.1±15.7
B-0.1	G	6.63±0.3	58.3±5.2
	R	9.76±0.5	49.1±3.7
	IR	9.94±0.2	62.9±2.6

3.4.2　掺杂 B 元素 CdS/Si-NPA 的电学性能

电阻率是反映半导体材料导电性能的重要参数之一,而且由前面的分析可知,CdS 的电阻对基于 CdS/Si-NPA 的太阳能电池性能有重要影响,所以对掺杂 B 后 CdS 薄膜电阻率的研究是很有必要的。测量电阻率的方法有很多,四探针法操作方便、设备简单、精确度高、测量范围广,而且对样品形状无严格要求,不仅能测量块体材料的电阻率,还能测量离子注入层、异形层、外延层以及扩散层的电阻率,因此在科学研究和实际生产中得到广泛应用。掺杂后样品电阻率值分别为 3.27×10^3 Ω·cm(样品 B-0.1)、9.8×10 Ω·cm (样品 B-0.01)和 4.19×10^3 Ω·cm(样品 B-0.001)。为了对比,同时测试了未掺杂样品的电阻率值为 5.31×10^4 Ω·cm。很明显,B 的掺入使得 CdS 薄膜的电阻率显著降低,并且在掺杂量 $n(B):n(Cd)=0.01$ 时达到最小值,此变化趋势与 J. H. Lee 研究组报道的一致[2]。相对于未掺杂样品,样品 B-0.01 的电阻率降低了 3 个数量级。在低掺杂浓度时,电阻率的减小主要是由于 B 原子作为施主原子占据了 Cd 位,同时提供 1 个电子在晶格中自由移动[1],而使得载流子浓度增大,电导率增大,电阻率降低。但是掺入 B 过量后,B 原子不再产生电子而是变为中性缺陷,对载流子的散射作用增强,所以电阻率没有降低,反而增加[1,7]。

为了研究掺杂 B 对 CdS/Si-NPA 电流密度-电压(J-U)关系的影响,采用与第 2 章相同的方法制备 Al 膜和 ITO 膜作为背电极和顶电极,对其复合体系进行 J-U 测试。同样规定当 Al 电极接电源正极,ITO 电极接电源负极时,所加电压为正偏。

图 3-12 为 CdS/Si-NPA 和 CdS:B/Si-NPA 样品的电流密度-电压(J-U)关系曲线。所有样品都有明显的整流特性。随着掺杂浓度的增加,各样品的电学参数随之改变。对于不同掺杂量的 CdS/Si-NPA 样品 J-U 关系的电学参数,如开启电压(U_{on})、反向截止电压(U_R)、反向饱和电流(J_R)和理想因子(n)等的对比见表 3-6。

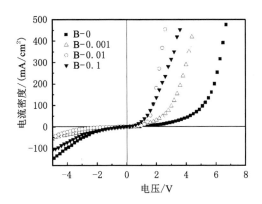

图 3-12　CdS/Si-NPA 和 CdS:B/Si-NPA 样品的电流密度-电压关系曲线

表 3-6　不同掺杂浓度样品的整流参数

样品名称	开启电压 U_{on}/V	反向截止电压 U_R/V	反向饱和电流密度 J_R/(mA/cm²)	理想因子 n
B-0	3.0	1.0	10.1	23.1
B-0.001	1.5	1.6	9.6	18.4
B-0.01	1.2	3.0	9.9	10.6
B-0.1	1.0	1.4	10.5	15.8

由表 3-5 可以看出，掺入 B 后 CdS/Si-NPA 的 J-U 关系具有以下特征：

（1）随着 B 掺杂量的增加，器件的 U_{on} 不断减小。

（2）器件的 U_R 随着 B 掺杂量的增加，先增加后减小，在掺杂量 $n(B):n(Cd)=0.01$ 时达到最大值。

（3）器件的 n 随着 B 掺杂量的增加先减小后增大，在掺杂量 $n(B):n(Cd)=0.01$ 时达到最小值，表明样品 B-0.01 的界面缺陷态密度最低。

综上所述，掺入 B 后显著降低了 CdS 薄膜的电阻率，明显改善了 CdS/Si-NPA 异质结器件的整流特性。尤其是样品 B-0.01 具有最低的电阻率和最佳的整流参数，如相对小的开启电压、最小的漏电流密度、最大的击穿电压和最小的理想因子。

3.5　掺杂 B 元素 CdS/Si-NPA 的电致发光性能

由之前的实验工作可知，CdS/Si-NPA 具有明显的电致发光特性，有望制备高性能的发光二极管器件[31]。但是目前制备出来的器件性能较差，其原因是 CdS 纳米薄膜的电学性能较差。通过前面的研究可知掺入 B 极大改善了 CdS 薄膜的电学性能，如极大地降低了其电阻率和明显改善了 CdS/Si-NPA 异质结的整流特性等。所以掺入 B 将会极大地影响 CdS/Si-NPA 异质结的电致发光性能，因此测量了掺杂不同浓度样品在 6 V 正向偏压下的电致发光性能。为了对比，同时给出了未掺杂样品在 6 V 正向偏压下的电致发光性能，如图 3-13 所示。从图中可以明显看出，掺入 B 对 CdS/Si-NPA 异质结构阵列的电致发光性能有显著影响。未掺杂样品仅有一个绿光发射带。但是掺入 B 后，除了绿光发射带外还出现了红光发射带和红外光发射带。为了确认每个发光带的准确位置,对所有样品的电致发光谱进行高斯拟合,如图 3-14 所示。

未掺杂样品的 EL 谱经高斯分解后有 2 个绿光发射峰,分别位于 480 nm 和 550 nm。由前面内容分析可知,位于 480 nm 的发射峰来自带边发射,位于 550 nm 的发射峰来自 Cd

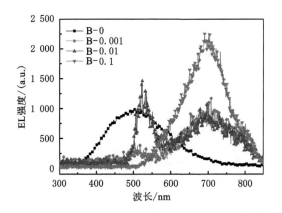

图 3-13　不同掺杂浓度样品在 6 V 正向偏压下的电致发光谱

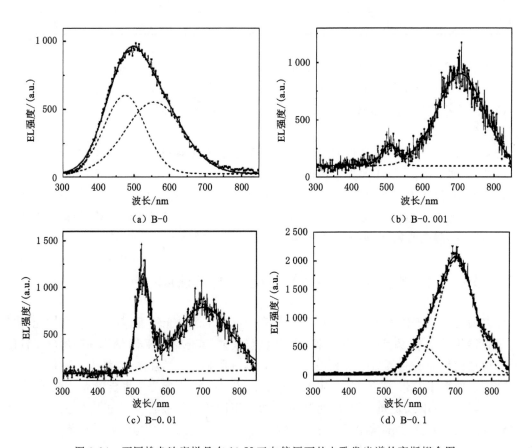

图 3-14　不同掺杂浓度样品在 10 V 正向偏压下的电致发光谱的高斯拟合图

间隙到价带的发射。对于掺杂样品 B-0.001,高斯拟合后同样有 2 个发射峰,但是与未掺杂样品不同,一个是位于 507 nm 的绿光发射峰,另一个是位于 705 nm 的红光发射峰。对于掺杂样品 B-0.01,高斯拟合峰与样品 B-0.001 类似,同样是一个绿光发射峰和一个红光发射峰,并且红光峰位与样品 B-0.001 一致,但是绿光峰与之相比"红移"了 21 nm,位于 528 nm。"红移"主要是 Cd 和 S 物质的量比变化造成的。随着掺杂量的增加,样品由"富"Cd 变为"富"S,绿光峰由带边发射变为缺陷发射。对于样品 B-0.1,没有绿光发射峰,有 2 个红光发射峰和 1 个红外光发射峰,分别位于 605 nm、702 nm 和 807 nm。可见,随着掺杂浓度的增加,样品 EL 谱由单一绿光发射带变为双发射带(绿光-红光发射带或红光-红外发射带)。主要是由于掺入 B 后引起样品内部载流子浓度和迁移率改变所致。据相关文献,随着掺杂浓度的增大,B 的掺入形式由以晶格替代为主,变为晶格替代和间隙填隙两者并存,以及到过量掺杂后的间隙填隙为主[2]。所以样品中载流子浓度和迁移率随之先增加后减小,如图 3-15 所示。低掺杂浓度时,载流子浓度较小,迁移率较低,并且 Cd 空位和 S 空位等的缺陷浓度较高,所以在样品 B-0.001 中观测到较强的红光发射和较弱的绿光发射。随着掺杂浓度的增大,掺入 B 中和了部分 Cd 空位,所以红光发射强度减小。同时由于 B 替代 Cd,增大了载流子浓度和迁移率,所以带边复合概率增大,绿光发射随之增强。但是在高浓度掺杂时,B 掺入形式变为间隙填隙,使得缺陷浓度增大,散射增强,导致载流子浓度和迁移率减小,所以绿光发射微弱甚至消失,而红光发射显著增强,且出现红外发射峰。

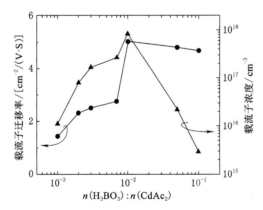

图 3-15 样品中载流子迁移率和浓度与 $n(H_3BO_3):n(CdAc_2)$ 的关系图[2]

3.6 掺杂 B 元素 CdS/Si-NPA 的光伏性能

由之前的实验工作可知[32],CdS/Si-NPA 具有明显的光伏性能,是一种重要的新概念太阳能电池,具有重要的应用前景[33-42]。但是目前制备出来的器件性能较差,其具有原因是 CdS 纳米薄膜的电学性能较差,尤其是其过高的电阻率。通过前面的分析可知,掺入 B 极大降低了 CdS 薄膜的电阻率,明显改善了 CdS/Si-NPA 异质结的整流特性。所以掺入 B 将会极大影响 CdS/Si-NPA 异质结的光伏性能。因此测量了不同掺杂浓度样品的光照 J-U 特性,为了对比,同时给出了未掺杂样品的光照 J-U 特性,如图 3-16 所示。很明显,掺入 B 显著影响样品的光伏性能。表 3-7 列出了不同掺杂浓度样品的光伏参数,如串联电阻(R_s)、开路电压(U_{oc})、短路电流密度(J_{sc})、填充因子(FF)和转换效率(η)等。由图 3-16 和表 3-7 可知,相对于未掺杂样品,掺杂后样品的 U_{oc} 和 FF 变化不明显。U_{oc} 仅从未掺杂时的290 mV 分别降为 140 mV、200 mV 和 190 mV。FF 从未掺杂时的 22.8% 分别改变至 23.2%、18.9% 和 23.6%。但是其 R_s 和 J_{sc} 有较大变化,R_s 从未掺杂时的 93.8 kΩ 分别降至 12.6 kΩ、3.83 kΩ 和 18.4 kΩ,J_{sc} 从未掺杂时的 3.16 $\mu A/cm^2$ 分别提升到 20.7 $\mu A/cm^2$、64.9 $\mu A/cm^2$ 和 10.3 $\mu A/cm^2$。因此,能量转换效率从未掺杂时的 2.64×10^{-6} 分别提高到 9.54×10^{-6}、8.14×10^{-4} 和 1.55×10^{-5}。可见,CdS 薄膜电阻率的降低有效地降低了器件的串联电阻,增大了器件的短路电流密度,从而提高了器件的转换效率。其中,样品 B-0.01 的光伏性能最好,串联电阻仅为未掺杂样品的 3%,短路电流密度是未掺杂样品的 20 倍,转换效率是未掺杂样品的 300 倍。这一结果表明,掺杂 B 是提高 CdS/Si-NPA 异质结光电性能的一种有效途径,最佳掺杂量[$n(B):n(Cd)$]为 0.01。

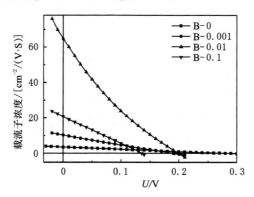

图 3-16　不同掺杂浓度样品的光照 J-U 特性

表 3-7　不同掺杂浓度样品的光伏参数

样品名称	$R_s/k\Omega$	U_{oc}/mV	$J_{sc}/(\mu A/cm^2)$	FF	η
B-0	93.8	290	3.16	22.8/%	2.60×10^{-6}
B-0.001	12.6	140	20.7	23.2/%	9.54×10^{-5}
B-0.01	3.83	200	64.9	18.9/%	8.14×10^{-4}
B-0.1	18.4	190	10.3	23.6/%	1.55×10^{-5}

3.7　本章小结

本章首先采用 CBD 法制备掺杂 B 的 CdS/Si-NPA,然后研究了掺杂 B 对此其形貌、结构、物理性能以及基于此制备的光电器件性能的影响,具体结论如下:

(1)测试并分析了掺杂 B 对 CdS/Si-NPA 表面形貌和晶体结构的影响。由 FE-SEM 可知,掺入 B 元素未破坏 CdS/Si-NPA 的整体形貌,规则的阵列结构依旧保持。随着掺杂浓度的增大,薄膜厚度和 CdS 纳米颗粒尺寸都有所减小,均匀性变差。由 XRD 和 HR-TEM 分析可知,掺入 B 元素没有破坏 nc-Si 和 nc-CdS 的晶体结构,也没有影响 CdS/Si-NPA 多界面纳米异质结构的形成。但是,随着掺杂浓度的增大,由于掺杂 B 的模式由晶格替代变为间隙填隙,而导致晶格常数 a、c 先减小后增大。

(2) 测试并分析了掺杂 B 对 CdS/Si-NPA 物理性质的影响。在 450 nm 的光照射下,掺杂样品的室温 PL 谱都有 4 个发射峰,分别为 510 nm 和 540 nm 的绿光、733 nm 的红光和 802 nm 的红外光。通过对掺杂样品的变温光致发光谱的研究,得到 510 nm 的绿光来自带边发射,540 nm 的绿光来自 Cd 间隙相关能级上电子到价带的跃迁,733 nm 的红光来自导带上电子到 Cd 空位相关施主能级的跃迁,802 nm 的红外光来自与 Cd 空位相关的表面态电子到价带的跃迁。随着掺杂浓度的增大,由于掺入 B 的方式改变,绿光带先增强后又微弱减弱,红光带和红外光带先减弱后增强。其中样品 B-0.01 的绿光最强,红光和红外光几乎消失。考虑到太阳光谱的特征,绿光为其最强烈区域,所以掺入 B 元素后有利于制备高效太阳能电池。

另外,样品在高温区域的热淬灭过程主要是声子辅助热逃逸过程。掺入 B 仅改变参与辅助的声子的量,并不改变其热淬灭机制。低温区的热淬灭主要是受主能级附近的局域态到受主能级的跃迁所致。

随着掺杂浓度的增大,E_g 先减小后增大:E_g 减小是由 B 元素替代 Cd 元素,施主能级合并进导带所致;E_g 的增大是由 B-M 效应所致。

测试其电学性能时发现:在低浓度掺杂时,掺入 B 后易发生晶格替代,占据 Cd 位,提供多余电子,增大电导率,使 CdS 薄膜的电阻率明显减小,明显改善 CdS/Si-NPA 异质结的整流特性。但是高浓度掺杂时,由于掺入 B 后主要进入间隙,所以对样品的电学性能改善不大。分析得到最佳的掺杂浓度为 $n(B):n(Cd)=0.01$,其拥有最小的薄膜电阻率、最大的击穿电压和最小的理想因子。

(3) 通过测试掺杂 B 元素 CdS/Si-NPA 纳米异质结器件的电致发光特性,发现掺入 B 后不仅增加了 EL 谱强度,而且可以通过控制掺杂量实现对其发光颜色的调控,可由单一的绿光发射调节为绿光-红光或红光-红外光双光发射。

(4) 通过测试掺杂 B 元素 CdS/Si-NPA 纳米异质结器件的光伏特性,发现掺入 B 有效减小了器件的串联电阻,使得器件的短路电流密度和转换效率显著增大。其中,样品 B-0.01 的光伏性能最好,串联电阻仅为未掺杂样品的 3%,短路电流密度是未掺杂样品的 20 倍,转换效率是未掺杂样品的 300 倍。

虽然样品的能量转化效率依然比较低,但是经过上面的分析,我们认为通过优化 CdS 薄膜和电极的制备条件可以进一步提高其转换效率。另外,本实验提供了一种降低 CdS 薄膜电阻率和异质结串联电阻的方法,为制备高效太阳能电池提供了思路。此外,通过控制掺杂量可以实现对 CdS/Si-NPA 纳米异质结器件的电致发光颜色的调控。

参 考 文 献

[1] TSAY C Y, HSU W T. Sol-gel derived undoped and boron-doped ZnO semiconductor thin films:Preparation and characterization[J]. Ceramics international,2013,39(7):7425-7432.

[2] LEE J H,YI J S,YANG K J,et al. Electrical and optical properties of boron doped CdS

thin films prepared by chemical bath deposition[J]. Thin solid films,2003,431-432：344-348.

[3] RUBEL A H,PODDERJ. Structural and electrical transport properties of CdS and Al-doped CdS thin films deposited by spray pyrolysis[J]. Journal of scientific research,2011,4(1)：11.

[4] TAHAR R B H,TAHAR N BH. Boron-doped zinc oxide thin films prepared by Sol-gel technique[J]. Journal of materials science,2005,40(19)：5285-5289.

[5] KIM S,YOON H,KIM DY,et al. Optical properties and electrical resistivity of boron-doped ZnO thin films grown by Sol-gel dip-coating method[J]. Optical materials,2013,35(12)：2418-2424.

[6] KIM G,BANG J,KIMY,et al. Structural,electrical and optical properties of boron doped ZnO thin films using LSMCD method at room temperature[J]. Applied physics A,2009,97(4)：821-828.

[7] PAWAR B N,JADKAR S R,TAKWALE MG. Deposition and characterization of transparent and conductive sprayed ZnO：B thin films[J]. Journal of physics and chemistry of solids,2005,66(10)：1779-1782.

[8] LEE J,YI J,YANGK. Effect of boron doping on the properties of chemically deposited CdS films[C]//Proceedings of the 3rd World Conference on Photovoltaic Energy Conversion[S. l.]：[s. n.],2003：543-546.

[9] LEE J. Raman scattering and photoluminescence analysis of B-doped CdS thin films[J]. Thin solid films,2004,451-452：170-174.

[10] NARAYANAN K L,YAMAGUCHI M,DAVILA-PINTLE JA,et al. Boron implantation effects in CdS thin films grown by chemical synthesis[J]. Vacuum,2007,81(11-12)：1430-1433.

[11] KHALLAF H,CHAI G Y,LUPANO,et al. In-situ boron doping of chemical-bath deposited CdS thin films[J]. Physica status solidi (a),2009,206(2)：256-262.

[12] XU H J,LI XJ. Silicon nanoporous pillar array：a silicon hierarchical structure with high light absorption and triple-band photoluminescence[J]. Optics express,2008,16(5)：2933-2941.

[13] THANIKAIKARASAN S,MAHALINGAM T,SUNDARAMK,et al. Growth and characterization of electrosynthesized iron selenide thin films[J]. Vacuum,2009,83(7)：1066-1072.

[14] ABDOLAHZADEH ZIABARI A,GHODSI FE. Growth,characterization and studying of sol-gel derived CdS nanoscrystalline thin films incorporated in polyethyleneglycol：Effects of post-heat treatment[J]. Solar energy materials and solar cells,2012,105：249-262.

[15] LIU B,XU G Q,GAN LM,et al. Photoluminescence and structural characteristics of CdS nanoclusters synthesized by hydrothermal microemulsion[J]. Journal of applied physics,2001,89(2)：1059-1063.

[16] ZHAI T Y,FANG X S,BANDOY,et al. Morphology-dependent stimulated emission and field emission of ordered CdS nanostructure arrays[J]. ACS nano,2009,3(4): 949-959.

[17] ZHAO P Q,LIU L Z,XUE HT,et al. Resonant Raman scattering from CdS nanocrystals enhanced by interstitial Mn[J]. Applied physics letters, 2013, 102 (6): 770-776.

[18] LI Y,YUAN S Q,LI X J. White light emission from CdS/Si nanoheterostructure array[J]. Materials letters,2014,136:67-70.

[19] LEE K Y,LIM J R,RHOH,et al. Evolution of optical phonons in CdS nanowires, nanobelts,and nanosheets[J]. Applied physics letters,2007,91(20):201901.

[20] FAN H M,NI Z H,FENG YP,et al. Anisotropy of electron-phonon coupling in single wurtzite CdS nanowires[J]. Applied physics letters,2007,91(17):171911-171913.

[21] TELL B,DAMEN T C,PORTO S PS. Raman effect in cadmium sulfide[J]. Physical review,1966,144(2):771-774.

[22] YAMAMOTO A,ENDO H,MATSUURAN,et al. Raman scattering spectra of CdS nanocrystals fabricated by a reverse micelle method[J]. Physica status solidi (c), 2009,6(1):197-200.

[23] MONTAZERI M,SMITH L M,JACKSON HE,et al. Raman stress mapping of CdS nanosheets[J]. Applied physics letters,2009,95(8):083105.

[24] CAO B L,JIANG Y,WANGC,et al. Synthesis and lasing properties of highly ordered CdS nanowire arrays[J]. Advanced functional materials,2007,17(9):1501-1506.

[25] ABKEN A E,HALLIDAY D P,DUROSEK. Photoluminescence study of polycrystalline photovoltaic CdS thin film layers grown by close-spaced sublimation and chemical bath deposition[J]. Journal of applied physics,2009,105(6):064515.

[26] WANG Y,HERRONN. Photoluminescence and relaxation dynamics of cadmium sulfide superclusters in zeolites[J]. The journal of physical chemistry,1988,92(17): 4988-4994.

[27] SINGH V,SHARMA P K,CHAUHANP. Synthesis of CdS nanoparticles with enhanced optical properties[J]. Materials characterization,2011,62(1):43-52.

[28] VIGIL O,RIECH I,GARCIA-ROCHAM,et al. Characterization of defect levels in chemically deposited CdS films in the cubic-to-hexagonal phase transition[J]. Journal of Vacuum science & technology a: vacuum, surfaces, and films, 1997, 15 (4): 2282-2286.

[29] VALERINI D,CRETÍ A,LOMASCOLOM,et al. Temperature dependence of the photoluminescence properties of colloidalCdSe/ZnScore/shell quantum dots embedded in a polystyrene matrix[J]. Physical review B,2005,71(23):235409. 1-235409. 6.

[30] AGUILARHERNANDEZ J,SASTREHERNANDEZ J,MENDOZAPEREZR,et al. Photoluminescence studies of CdS thin films annealed in $CdCl_2$ atmosphere[J]. Solar energy materials and solar cells,2006,90(6):704-712.

[31] 许海军.硅纳米孔柱阵列及其硫化镉纳米复合体系的光学特性研究[D].郑州:郑州大学,2005.

[32] HE C,HAN C B,XU YR,et al. Photovoltaic effect of CdS/Si nanoheterojunction array[J]. Journal of applied physics,2011,110(9):094316. 1-094316. 4.

[33] YE Y,YU B,GAO ZW,et al. Two-dimensional CdS nanosheet-based TFT and LED nanodevices[J]. Nanotechnology,2012,23(19):194004. 1-19404. 5.

[34] FAN X W,WOODSJ. Green electroluminescence and photoluminescence in CdS[J]. Physica status solidi (a),1982,70(1):325-334.

[35] ARTEMYEV M V,SPERLING V,WOGGONU. Electroluminescence in thin solid films of closely packed CdS nanocrystals[J]. Journal of applied physics,1997,81(10): 6975-6977.

[36] BRUGGER C,TASCH S,LALM,et al. Electroluminescence devices with CdS and CdS:Mn nanoparticles and polymer blends[J]. MRS proceedings,1999,581:405.

[37] GOKARNA A,PAVASKAR N R,SATHAYE SD,et al. Electroluminescence from heterojunctions of nanocrystalline CdS and ZnS with porous silicon[J]. Journal of applied physics,2002,92(4):2118-2124.

[38] ZHANG J Y,ZHANG Q F,DENG TS,et al. Electrically driven ultraviolet lasing behavior from phosphorus-doped p-ZnO nanonail array/n-Si heterojunction [J]. Applied physics letters,2009,95(21):211107. 1-211107. 3.

[39] WU D,JIANG Y,LI SY,et al. Construction of high-quality CdS:Ga nanoribbon/silicon heterojunctions and their nano-optoelectronic applications[J]. Nanotechnology, 2011,22(40):3785-3793.

[40] MANNA S,DAS S,MONDAL SP,et al. High efficiency Si/CdS radial nanowire heterojunction photodetectors using etched Si nanowire templates[J]. The journal of physical chemistry C,2012,116(12):7126-7133.

[41] HSIEH Y P,CHEN H Y,LIN MZ,et al. Electroluminescence from ZnO/Si-nanotips light-emitting diodes[J]. Nano letters,2009,9(5):1839-1843.

[42] NAKAMURA A,OHASHI T,YAMAMOTOK,et al. Full-color electroluminescence from ZnO-based heterojunction diodes [J]. Applied physics letters, 2007, 90 (9): 093512. 1-093512. 3.

4　掺杂 Al 元素 CdS/Si-NPA 的制备、表征及其光电性能

通过前面的分析可知，ⅢA 族元素（B、Al、Ga、In）的掺入将会明显改善Ⅱ-Ⅵ族化合物半导体薄膜的光电性能[1-3]。其中应用最广泛的是 Al 元素对 ZnO 薄膜的掺杂而制备的 ZnO：Al(AZO)透明导电薄膜。AZO 膜在 20 世纪 80 年代兴起，由于该导电薄膜中 Zn 源比 ITO 中 In 源价格便宜、含量丰富、无毒、导电膜性能稳定，且光电性能可与 ITO 薄膜相比拟，所以以备受国内外学者关注[4-7]。

T. L. Yang 等采用射频磁控溅射法在有机基底上制备了多晶 AZO 薄膜，测试得到其具有低的电阻率(1.84×10^{-3} Ω·cm)，高的载流子浓度(4.62×10^{20} cm^{-3})，高的霍尔迁移率(7.34 cm^2 V^{-1}·s^{-1})，在可见光谱范围内的平均透射率为 84%[7]。A. Mosbah 等采用 2% Al$_2$O$_3$-ZnO 靶，利用 DC 磁控溅射技术在玻璃和氧化硅衬底上制备了 AZO 膜，发现通过调节生长时的基底温度，可以将薄膜来说电阻率从 5×10^{-4} Ω·cm 降低至 3×10^{-5} Ω·cm，并且它在可见光范围内的透射率可高于 90%。因此，Al 对于Ⅱ-Ⅵ族化合物半导体薄膜来说是一种合适的掺杂剂[8-10]。例如，B. Sotillo 等通过热蒸发的方法制备了掺杂 Al 的 ZnS 微米、纳米结构，并研究掺杂 Al 量对其形貌、晶体结构、带隙和阴极发光等的影响[11]。B. Sotillo 等通过化学方法制备了掺杂 Al 的 ZnS 纳米颗粒，发现其 PL 谱发光带位于 350～650 nm，且强度随着掺杂 Al 浓度的增大先增强后减弱，直至湮灭[11]。A. H. Rubel 等通过喷雾热解法在玻璃衬底上制备了掺杂 Al 的 CdS 薄膜，XRD 分析可知其为多晶薄膜，且适量的掺入 Al 后其电阻率降至 48 Ω·cm，载流子浓度增至 1.1×10^{19} cm^{-3}[3]。P. K. Singh 等通过化学方法制备了掺杂 Al 的 CdS 纳米电极，发现其离子导电性增强[12]。Y. F. Li 制备了掺杂 Al^{3+} 的 CdS 量子点并以此制备了 CdS/Zn$_2$SnO$_4$ 量子点敏化太阳电池（QDSSCs），发现其效率提升了 44%。其分析认为，Al 离子的掺杂改善了界面性能，增加了电子寿命，抑制了界面载流子的复合，所以明显提升了器件光电转换效率[13]。M. Muthusamy 等采用 CBD 法在玻璃基底上制备了掺杂 Al 的 CdS 薄膜，详细研究了 Al 掺杂量对 CdS 薄膜的晶相、微应力、颗粒尺寸、带隙、PL 谱的影响[14]。H. Khallaf 等采用 CBD 法在玻璃基底上分别制备了掺杂 Al 的 CdS 薄膜和 In 掺杂的 CdS 薄膜，结果发现采用 CBD 法对 Al 元素的掺杂是非常有效的，适量掺杂 Al 使 CdS 薄膜的电阻率降至 4.6×10^{-2} Ω·cm，载流子浓度增至 1.1×10^{19} cm^{-3}，但是此种方法制备的掺杂 In 的 CdS 薄膜性能不佳[15]。

本章研究掺杂 Al 元素对 CdS/Si-NPA 形貌、结构、物理性能以及基于此复合体系制备的光电器件性能的影响。

4.1　掺杂 Al 元素 CdS/Si-NPA 的制备

采用第 2 章得到的最佳制备条件，制备掺杂 Al 元素的 CdS/Si-NPA。其中反应溶液中

各物质的含量分别为:醋酸镉 0.03 mol/L、硫脲 0.1 mol/L、氨水 2.25 mol/L 和缓冲剂醋酸铵 0.05 mol/L。反应温度为 70 ℃。反应时间为 40 min。$AlCl_3 \cdot 6H_2O$ 作为掺杂元素 Al 源,掺杂量根据 Al 与 Cd 的物质的量比来确定,$n(Al):n(Cd)$ 分别等于 0.01、0.04、0.07、0.10 和 0.15。

　　样品制备的方法及过程与 2.1.1 节中所述相同。首先将醋酸镉和 75 mL 去离子水加入反应烧杯中,并置于恒温磁力搅拌器中,同时开始升温,并用小磁子以 30 r/s 的速度搅拌溶液。3 min 后加入 $AlCl_3$,再过 5 min 后加入醋酸铵,继续搅拌 5 min 后加入氨水。待温度升至 68 ℃后,加入硫脲。继续加热直至温度升至 70 ℃,竖直放入新制备的衬底 Si-NPA。之后维持 70 ℃恒温。40 min 或 1.5 h 后取出样品用去离子水反复冲洗,氮气氛围干燥,即制得掺杂 Al 元素 CdS/Si-NPA 复合体系样品。为方便讨论,将掺杂不同浓度 Al 元素后的样品进行统一标记。掺杂量 $n(Al):n(Cd)=0.01$,生长时间为 40 min 和1.5 h 的样品分别标记为 Al-0.01-40 min 和 Al-0.01-1.5 h;掺杂量 $n(Al):n(Cd)=0.04$,生长时间为 40 min 和1.5 h 的样品分别标记为 Al-0.04-40 min 和 Al-0.04-1.5 h;掺杂量 $n(Al):n(Cd)=0.07$,生长时间为 40 min 和 1.5 h 的样品分别标记为 Al-0.07-40 min 和 Al-0.07-1.5 h;掺杂量 $n(Al):n(Cd)=0.10$,生长时间为 40 min 和 1.5 h 的样品分别标记为 Al-0.10-40 min 和 Al-0.10-1.5 h;掺杂量 $n(Al):n(Cd)=0.15$,生长时间为 40 min 和 1.5 h 的样品分别标记为 Al-0.15-40 min 和 Al-0.15-1.5 h。

4.2　掺杂 Al 元素 CdS/Si-NPA 的表面形貌

　　图 4-1 为生长 40 min、不同掺杂浓度样品 CdS/Si-NPA 的 FE-SEM 图。从图 4-1 可以清晰看出,所有样品都很好地保持了衬底 Si-NPA 的形貌特征。样品 Al-0.01-40 min、Al-0.04-40 min 和 Al-0.07-40 min 的衬底表面形成了一层均匀、连续的 CdS 颗粒薄膜;样品 Al-0.10-40 min 的衬底表面除 CdS 薄膜外,还有大量颗粒团聚体分散在其上。样品 Al-0.15-40 min 表面的衬底表面虽有 CdS 颗粒生成,但未均匀成膜,仅有少量颗粒散落在 Si-NPA 上,且顶端数量居多。因此,从图中可大致推测,高浓度的 Al 掺杂会影响 CdS 薄膜的均匀性,但是对于 CdS 颗粒大小及薄膜厚度的影响不能辨别,所以又测试了生长 1.5 h 后样品的表面形貌,如图 4-2 所示。

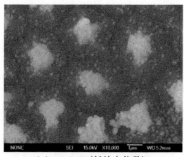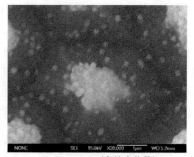

(a) Al-0.01(低放大倍数)　　　　　(b) Al-0.01(高放大倍数)

图 4-1　不同掺杂浓度样品 CdS/Si-NPA 的 FE-SEM 图(生长时间为 40 min)

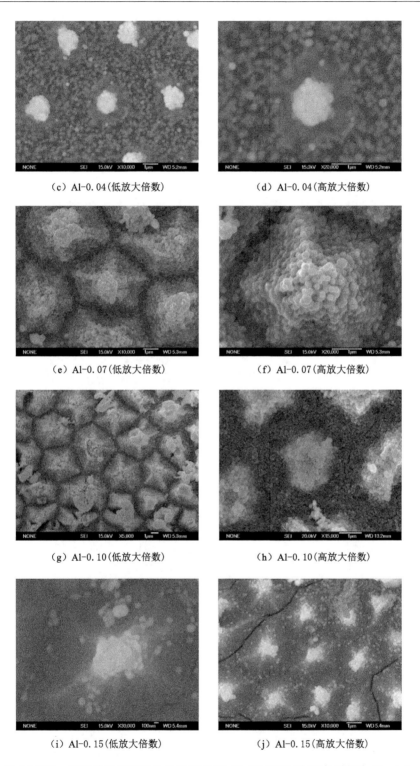

（c）Al-0.04（低放大倍数）　　　　　（d）Al-0.04（高放大倍数）

（e）Al-0.07（低放大倍数）　　　　　（f）Al-0.07（高放大倍数）

（g）Al-0.10（低放大倍数）　　　　　（h）Al-0.10（高放大倍数）

（i）Al-0.15（低放大倍数）　　　　　（j）Al-0.15（高放大倍数）

图 4-1（续）　不同掺杂浓度样品 CdS/Si-NPA 的 FE-SEM 图（生长时间为 40 min）

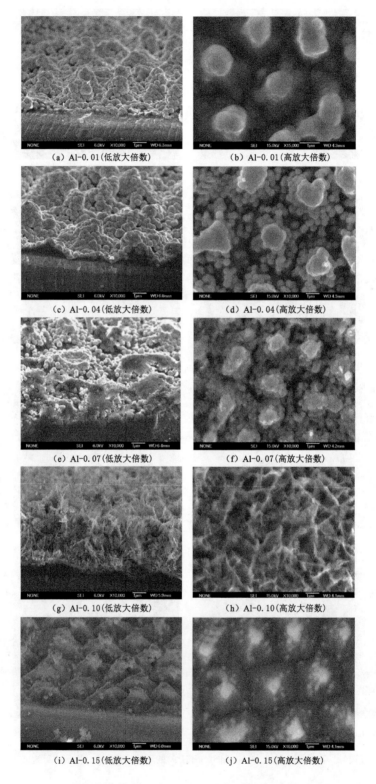

（a）Al-0.01（低放大倍数）　（b）Al-0.01（高放大倍数）

（c）Al-0.04（低放大倍数）　（d）Al-0.04（高放大倍数）

（e）Al-0.07（低放大倍数）　（f）Al-0.07（高放大倍数）

（g）Al-0.10（低放大倍数）　（h）Al-0.10（高放大倍数）

（i）Al-0.15（低放大倍数）　（j）Al-0.15（高放大倍数）

图 4-2　不同掺杂浓度样品 CdS/Si-NPA 的表面形貌（生长时间为 1.5 h）

　　从图 4-2 可以清晰看出,除样品 Al-0.10-1.5 h 外,其他样品都与 40 min 样品类似,Al 的掺杂没有破坏衬底 Si-NPA 的规则形貌特征。掺杂量 $n(Al):n(Cd)$ 为 0.01、0.04 和 0.07 的样品,不论生长 40 min 还是 1.5 h,衬底表面都形成了一层均匀、致密的 CdS 颗粒薄膜;在样品 Al-0.10-1.5 h 的俯视图中,衬底形貌特征难以分辨,其表面被由纳米颗粒所组成的微米级的片状薄膜覆盖,但是在侧视图中可以看出,衬底形貌依然存在,只是表面覆盖物太厚(约 3 μm),使得 Si-NPA 形貌不易分辨;而样品 Al-0.15-1.5h 的衬底表面与 40 min 样品类似。虽有 CdS 颗粒生成,但未均匀成膜,仅有少量颗粒散落其上。可见随着 Al 掺杂量的增加,溶液反应机制发生改变,并且转折点在掺杂浓度为 0.10 时。从图中可以看出,CdS 颗粒大小随 Al 掺杂量的增加先减小后增大。掺杂量 $n(Al):n(Cd)=0.10$ 的样品表面 CdS 颗粒最小,平均直径约为 0.07 μm。其他样品的颗粒直径平均值分别约为 0.56 μm (0.01)、0.45 μm(0.04)、0.33 μm(0.07) 和 0.27 μm(0.15),即随掺杂量 $n(Al):n(Cd)$ 的增加,颗粒尺寸先减小后增大,而 CdS 薄膜厚度不断减小,分别为 0.8 μm(0.01)、0.7 μm (0.04)、0.5 μm(0.07)、0.25 μm(0.10),样品 Al-0.15-1.5 h 未均匀成膜。综合生长 40 min 和 1.5 h 样品的形貌可知,随着 Al 掺杂量的增加,薄膜的均匀性和致密性先变好后变差。当 $n(Al):n(Cd)>0.07$ 时,要么未均匀成膜(0.15),要么除了薄膜外还有不规则团聚物生长在其上。因此,掺杂量 $n(Al):n(Cd)>0.07$ 时不利于制作光电器件。

　　由 FE-SEM 结果可知,样品 Al-0.10-1.5 h 的形貌最为特殊,且为反应机制的转折点。所以,我们将其表面被 Al 掺杂 CdS 包裹的 Si 柱刮下,用透射电子显微镜进行测试分析,如图 4-3 所示。通过对图中清晰晶区的测试分析可以确定它们除了 nc-Si 和 nc-CdS 的晶区外,还有大量 nc-CdO 和 Al 的氧化物(AlO、Al_2O_3)的晶区,并且彼此交叠。可见,过量 Al 元素的掺杂,会形成 CdS、CdO、Si-NPA、AlO、Al_2O_3 多物质和多界面纳米复合结构,当然主体还是形成 CdS/Si-NPA 多界面异质结,但是其性能由于 CdO 和 Al 的氧化物的存在而受到严重影响。

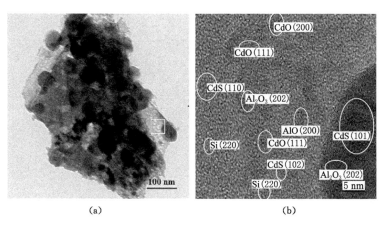

(a)　　　　　　　　　　(b)

图 4-3　样品 Al-0.10-1.5 h 的 HR-TEM 图

　　Al 的掺入将影响溶液的反应机制、CdS 的生长速度和 CdS 的物质的量比,所以对生长 40 min 的样品的元素含量进行 EDS 分析。如图 4-4(a)所示,分别从柱子的顶端、中部和底部选取 4 个或 6 个点进行 EDS 分析,其元素含量见表 4-1。由于所有样品元素种类相同,只是含量不同,所以仅给出样品 Al-0.10-40 min 中各元素谱线图作为代表,如图 4-4(b)所示。表中 O 元素来自被氧化的衬底(衬底 Si-NPA 在空气中易被氧化)[16]。很明显,随着掺杂浓度的增大,各元素含量明显改变。当掺杂量 n(Al):n(Cd)<0.10 时,Al 含量不断增加,从 0.79(0.01)、0.86(0.04)增加到 0.98(0.07)。样品 Al-0.10 中 Al 含量最高,为 1.38,结合其 HR-TEM 图可知,样品中 Al 元素部分来自掺入 CdS 中的 Al,部分来自于 O 和 S 反应沉淀下来的 Al,故其 Al 含量较高。样品 Al-0.15 由于反应速度降低,所以 Al 含量减小。在低浓度掺杂时,S,Cd 含量及两者物质的量之比不断增大。据文献报道,Al 掺入后,由于 Al 离子半径(0.50 Å)[9]小于 Cd 离子半径(0.97 Å),易发生晶格替代[3,14-15]。所以,n(S):n(Cd)的变化规律表明,当掺杂浓度较低时,掺入的 Al 进行晶格替代,Al 元素将替代 CdS 中的 Cd 占据格点位置,且随着掺杂浓度的增大替代量不断增大,Cd 含量不断减小,所以 n(S):n(Cd)不断增大。但是当掺杂浓度较高时,情况变得比较复杂。样品 Al-0.10 中 Cd 含量增加,S 含量减少,n(S):n(Cd)减小到 0.55。同样结合 HR-TEM 图分析可知,由于 Cd 的氧化物含量增加,CdS 生成量减少,所以 Cd 含量增加,S 含量减少。同时又由于 Al 的硫化物和氧化物的生成量增多,所以 Al 含量增加,S 含量减少不太多,但是由于 Cd 的氧化物生成量较多,所以 n(S):n(Cd)减小到 0.55。样品 Al-0.15,由于 CdS 生成量较少,未完全覆盖衬底 Si-NPA 表面,所以 Si 含量增多,S,Cd 含量减少。由 n(S):n(Cd)随 Al 元素掺杂浓度的变化可知,掺杂后 CdS/Si-NPA 的光学和电学性能将会随之改变。

表 4-1　掺杂 Al 元素 CdS/Si-NPA 的元素含量(原子百分比)表

样品名称	Al	S	Cd
Al-0.01[n(S):n(Cd)=1.04]	0.79%	19.28%	18.02%
Al-0.04[n(S):n(Cd)=1.06]	0.86%	23.26%	22.01%
Al-0.07[n(S):n(Cd)=1.109]	0.98%	27.87%	25.53%
Al-0.10[n(S):n(Cd)=0.55]	1.38%	20.53%	41.4%
Al-0.15[n(S):n(Cd)=1.18]	0.95%	6.17%	5.23%

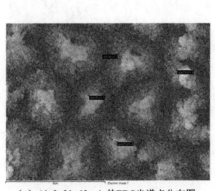

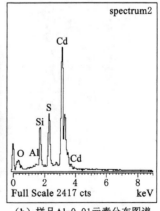

(a) Al-0.01-40 min 的 EDS 光谱点分布图　　　(b) 样品 Al-0.01 元素分布图谱

图 4-4　Al-0.01-40 min 的 EDS 光谱点分布图和样品 Al-0.10 元素分布图谱

4.3 掺杂 Al 元素 CdS/Si-NPA 的结构

图 4-5 是掺杂不同量[$n(\mathrm{Al})$∶$n(\mathrm{Cd})$]样品 CdS/Si-NPA 的 XRD 图,其中图 4-5(a)为 40 min 样品,图 4-5(b)为 1.5 h 样品。

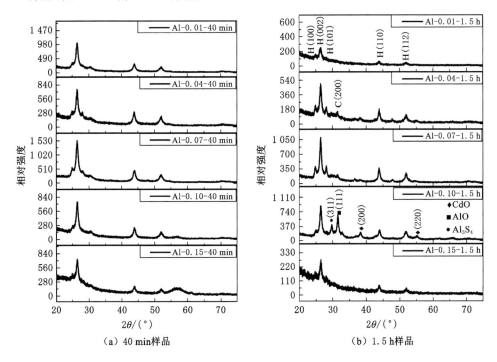

图 4-5 掺杂不同量[$n(\mathrm{Al})$:$n(\mathrm{Cd})$]样品 CdS/Si-NPA 的 XRD 图

由图 4-5(a)可知,所有样品均为六方相和立方相 CdS 共存状态,且主衍射峰为六方相 CdS,分别是位于 24.84°的 CdS(100)、26.35°的 CdS(002)、28.07°的 CdS(101)、43.91°的 CdS(100)和 52.11°的 CdS(112)晶面衍射峰。立方相衍射峰只有位于 30.46°的 CdS(200)晶面衍射峰。此外,样品 Al-0.15-40 min 除了 CdS 的衍射峰外,在 56.8°附近还有一个 SiO₂ 的非晶包,此峰来自被氧化的衬底[16]。

从样品 Al-0.15-40 min 的 FE-SEM 也可以看出,衬底表面的 CdS 未均匀成膜,而是呈颗粒状,X 射线会直接打到衬底上,所以会在 56.8°处出现衍射峰。随着掺杂浓度的增大,峰位没有明显移动。由图 4-5(b)可知,除样品 Al-0.10-1.5 h 外,其他样品与 40 min 生长的样品类似,衍射峰同样由六方相和立方相 CdS 组成,且主衍射峰为六方相 CdS,共有 5 个衍射峰,分别位于 24.75°的 CdS(100)、26.55°的 CdS(002)、28.16°的 CdS(101)、43.94°的 CdS(110)和 51.93°的 CdS(112)晶面衍射峰。立方相衍射峰只有位于 31.48°的 CdS(200)晶面衍射峰。样品 Al-0.10-1.5 h 的衍射峰较多,除了 CdS 的衍射峰外,还有位于 29.73°的 Al₃S₄(311)、31.57°的 AlO(111)、38.29°的 CdO(200)和 55.14°的 CdO(220)晶面衍射峰,在样品 Al-0.10-1.5 h 的 HR-TEM 图中也看到了类似结果。

由 CBD 的生长过程分析可知,杂峰的出现主要是因为加入过量 Al 盐影响了反应平衡。

由前面 CBD 反应机理可知,加入过量的 Al 盐后,Al 离子一部分与 NH_3 结合为络合离子,最终形成 Al_3S_4。另一部分与 OH^- 结合形成 Al 的氢氧化物,由于氢氧化物不稳定,最终分解为 Al 的氧化物。而样品 Al-0.15-1.5 h 由于生长速度缓慢,表面样品厚度较薄,样品量少,只有微弱的 CdS 衍射峰出现,杂峰可能由于含量太少而未显现。CdS 的存在形式有立方相[17-19]、六方相[20,21]、立方岩盐相[22]、扭曲岩盐相[23]四种,后两种晶相只有在高压下才能获得[14]。立方相和六方相为 CdS 在自然界中的存在形式,六方相比立方相相对稳定。对于立方和六方共存的现象,M. Muthusamy 和 F. E. Ghodsi 等分别采用 CBD 和 sol-gel 方法在玻璃基底上制备 CdS 薄膜时也都发现了此现象[14,24]。并且由 CBD 生长机制可知,最终得到的薄膜很可能出现立方相和六方相共存现象[25]。低浓度掺杂时 Al 离子将替代 Cd 离子,Al 离子的配位数为 12,高于 Cd 离子的配位数 8,所以致使薄膜从立方相转变为六方相。所以从图中可以看出,随着 Al 掺杂量的增加[$n(Al) : n(Cd) < 0.1$],薄膜结晶质量越来越高,六方相衍射峰强度增加,而且半高宽明显变窄。综合上面的分析可知,低浓度掺杂时 Al 的掺入不影响样品的晶体结构,但是高浓度掺杂时会有新的物质生成,且严重影响 CdS 的生成速度。

六方相晶体可以采用公式 $\dfrac{1}{d_{hkl}^2} = \dfrac{4}{3}\left(\dfrac{h^2 + hk + k^2}{a^2}\right) + \dfrac{l^2}{c^2}$($h$、$k$、$l$ 为晶面指数)对 XRD 数据进行分析,得到晶体的晶格常数 a 和 c 等。表 4-2 列出了生长时间为 40 min 时掺杂不同浓度样品的晶格常数 a 和 c 值。很明显,随着掺杂浓度的增大,a、c 值不断减小。由于掺入 Al 后占据了 Cd 的位置,发生晶格替代,而 Al 的离子半径(0.53 Å)小于 Cd 的离子半径(0.97 Å),所以掺入 Al 后晶格常数 a、c 均减小[26]。随着掺杂量 $n(Al) : n(Cd)$ 增加到 0.07,晶格替代达到饱和,a、c 值达到最小值。之后,随着掺杂量进一步增加,Al 元素主要进入间隙,成为填隙原子,所以 a、c 值又开始增大。晶格畸变程度可以通过晶格常数 a 和 c 的比值来判别[27]。随着掺杂浓度的增大,a/c 值变化微小,进一步表明 Al 的加入没有造成 CdS 晶体结构严重畸变,对其结构的影响不大。

表 4-2 不同掺杂浓度样品 CdSi-NPA 的晶格常数 a 和 c 值

样品名称	a/Å	c/Å	a/c
Al-0.01	4.131	6.738	0.613
Al-0.04	4.127	6.736	0.613
Al-0.07	4.126	6.735	0.613
Al-0.10	4.130	6.741	0.613
Al-0.15	4.132	6.733	0.614

为了进一步研究掺杂 Al 对 CdS 精细结构的影响,分别对生长 40 min 和 1.5 h 的掺杂 Al CdS/Si-NPA 的室温拉曼光谱进行测试,如图 4-6 所示,测试范围为 200~1 200 cm^{-1}。所有样品均在 300 cm^{-1} 和 600 cm^{-1} 附近出现峰值,分别对应 CdS 的第一纵光学声子模(1LO)和第二纵光学声子模(2LO)[28-30]。样品 Al-0.07-40 min 和 Al-0.07-1.5 h 都在 900 cm^{-1} 附近出现了第三纵光学声子模(3LO),表明掺杂量 $n(Al) : n(Cd) = 0.07$ 时,样品的结晶质量最好。

表 4-3 和表 4-4 分别列出生长 40 min 和 1.5 h 样品的具体峰值位置和 1LO 峰对应的半高宽。与块体 CdS 的 1LO 声子模(305 cm^{-1})[31-33]相比,所有样品的 1LO 模都往小波数方向移

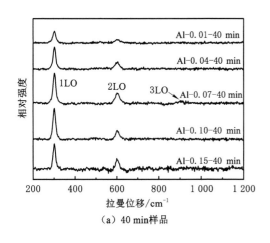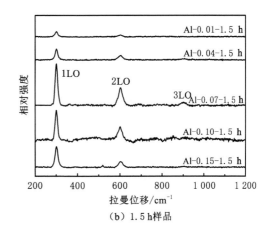

（a）40 min样品　　　　　（b）1.5 h样品

图 4-6　不同掺杂浓度样品 CdS/Si-NPA 的拉曼位移图

动,峰的宽化是由 CdS 的纳米尺寸效应引起的[34-35]。与相关文献报道的 1LO 峰半高宽(FH-WM)值(20～30 cm^{-1})相比[36],实验制得样品 1LO 的半高宽均处于文献报道的最低值,表明制备的 CdS 薄膜质量较高。随着掺杂量[$n(Al):n(Cd)$]的增加,峰强先增强后减弱,1LO 峰的半高宽先减小后增大,表明在低浓度掺杂时 Al 的掺入提高了样品结晶质量,有利于基于此复合体系光电器件性能的改善。但是高浓度掺杂时,Al 的掺入反而降低了样品的结晶质量。

表 4-3　生长时间 40 min 的不同掺杂浓度样品的峰位和 1LO 峰对应的半高宽　　单位:cm^{-1}

样品名称(40 min)	1LO		2LO
	峰位	半高宽	峰位
Al-0.01	301.1	16.84	602
Al-0.04	301.6	14.89	601
Al-0.07	301.6	14.35	600
Al-0.10	301.6	15.21	601
Al-0.15	300.8	16.07	600

表 4-4　生长时间 1.5 h 的不同掺杂浓度样品的峰位和 1LO 峰对应的半高宽　　单位:cm^{-1}

样品名称(1.5 h)	1LO		2LO
	峰位	半高宽	峰位
Al-0.01	301.1	14.91	602
Al-0.04	301.6	14.29	601
Al-0.07	301.6	14.02	600
Al-0.10	301.6	16.07	601
Al-0.15	300.8	16.13	600

4.4 掺杂 Al 元素 CdS/Si-NPA 的物理性能

4.4.1 掺杂 Al 元素 CdS/Si-NPA 的光学性能

PL 是一种研究半导体带隙、电子结构、缺陷和晶体质量的有效手段。PL 对于晶体结构和缺陷的存在是非常敏感的[37]。通过对 PL 的研究可将结构和性能关联起来[38],如所有缺陷的行为(电子空穴复合中心、空位)都会在发射谱中反映出来。为了研究 Al 的掺入对 CdS 薄膜带隙、缺陷能级以及内部跃迁复合的影响,分别测试了掺杂 Al 后样品的室温和变温 PL 谱。

4.4.1.1 掺杂 Al 元素 CdS/Si-NPA 复合体系的室温光致发光特性

由前面的形貌和结构分析可知,生长 1.5 h 的薄膜粗糙度高、均匀性差、附着力差,不利于制备光电器件,所以接下来的研究都只针对 40 min 样品。图 4-7 为不同掺杂浓度样品 CdS/Si-NPA 的室温光致发光谱,激发波长为 370 nm,同时安装 400 nm 长波通滤光片以消除杂散光和二级衍射光的影响。由图 4-7 可知,所有样品的 PL 谱都由 3 个发射峰组成,分别为位于 440 nm 的蓝光发射峰、550 nm 的绿光发射峰和 800 nm 的红外光发射峰。由前面的分析可知,位于 440 nm 的蓝光发射峰来自衬底 Si-NPA,是由 nc-Si 中与氧相关的缺陷态所发射的[39]。由于 CdS 薄膜较薄,激发光会穿透薄膜照射到衬底上,从而引入衬底发光。位于 550 nm 的绿光发射峰来自施主能级 Cd 间隙中电子到价带的跃迁[40-43]。位于 800 nm 的红外发射峰来自与 Cd 空位相关的表面态电子到价带的跃迁[41,44-45]。随着掺杂浓度增大,绿光与蓝光发射峰强度不断增大,红外发射峰强度不断减弱直至消失[n(Al):n(Cd)>0.07]。由前面的分析可知,由于掺入 Al,CdS 的生长速度减小,CdS 薄膜厚度变薄,所以绿光与蓝光发射峰强度比减小。在低浓度掺杂时[n(Al):n(Cd)<0.10],Al 掺入后主要占据 Cd 空位[3,14],所以红外峰随掺杂浓度的增加不断减弱,直至消失。

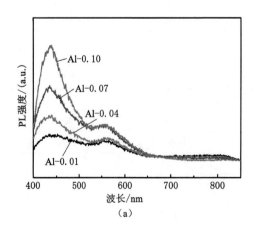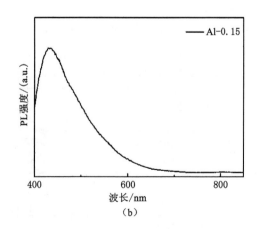

图 4-7　不同掺杂浓度样品 CdS/Si-NPA 的室温光致发光谱图(激发波长 370 nm)

图 4-8 为不同掺杂浓度样品 CdS/Si-NPA 在 300～800 nm 范围内的积分反射谱。可以明显看出,样品的反射值随 $n(Al):n(Cd)$ 的增大不断减小,即吸收值不断增大,主要是因为随着 Al 掺杂量的增加,薄膜厚度不断减小。除样品 Al-0.15 外,其他样品的吸收峰随掺杂量 $n(Al):n(Cd)$ 的增加先"红移"[$n(Al):n(Cd)<0.07$]后稍微"蓝移"[$n(Al):n(Cd)=0.10$]。

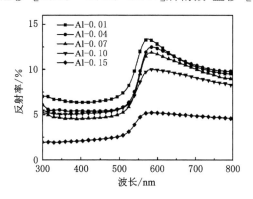

图 4-8　不同掺杂浓度样品 CdS/Si-NPA 的积分反射谱

由前面的分析可知,可以采用 K-M 方法来计算带隙,如图 4-9 所示。经计算可知,5 个样品的带隙 E_g 分别为 2.21 eV(Al-0.01)、2.20 eV(Al-0.04)、2.18 eV(Al-0.07)、2.19 eV(Al-0.10)和 2.21 eV(Al-0.15)。可见,所有样品的带隙均小于块体材料的带隙 2.42 eV[15],并且随着掺杂浓度的增大,E_g 的改变是非单调变化的,其值先减小后增大。与掺杂 B 类似,当掺杂量较低[$n(Al):n(Cd)<0.10$]时,Al 元素将替代 Cd 元素,并与 S 缺陷一起在 CdS 带隙中产生施主能级[14,26]。随着掺杂量 $n(Al):n(Cd)$ 的增加,施主能级退化并合并进导带中,致使导带向带隙内扩展,所以 E_g 变小[14]。当掺杂量较高[$n(Al):n(Cd)>0.10$]时,带隙增大是由 B-M 效应所致[46]。

4.4.1.2　掺杂 Al 元素 CdS/Si-NPA 复合体系的变温光致发光特性

变温 PL 谱不但可以揭示 CdS 带隙发射的机制,也可以揭示关于 CdS 缺陷态的一些信息,如表面缺陷态、空位、间隙等。为了研究掺杂 Al 对 CdS 内部缺陷态的影响,采用与测试掺 Al 样品相同的方法进行测试。激发波长为 400 nm,温度范围为 10～300 K,测试温度点选择为:10～100 K 每隔 10 K 采集,100～300 K 每隔 50 K 采集。测试结果如图 4-10 所示。由于样品 Al-0.15 中 CdS 的量较少,未均匀成膜,PL 谱来源主要为衬底 Si-NPA,所以不再对其变温光致发光谱进行研究。

由图 4-10 可以明显看出,不同掺杂浓度的样品变温 PL 谱差别明显。但是每个样品的 PL 谱强度均随温度升高而减弱。所有样品的 PL 谱都由绿光、黄光和红光 3 个发射带组成。为了确定每个发光带的准确位置,对每个样品 10 K 的 PL 谱进行高斯拟合,如图 4-11 所示。

所有样品的 PL 峰都由 1 个蓝光峰、2 个绿光峰、1 个黄光峰和 1 个红光峰共 5 个高斯峰组成。各样品中高斯峰的具体位置列于表 4-5 中。由前面的分析可知,B 峰应来自衬底的 nc-Si 中与氧相关的缺陷态的发射[39]。由于薄膜厚度及致密度随掺杂浓度的增大而减小,所以 B 峰强度不断增加。G_1 峰和 G_2 峰来自 CdS 的带边发射和 CdS 中与 Cd 间隙有关的

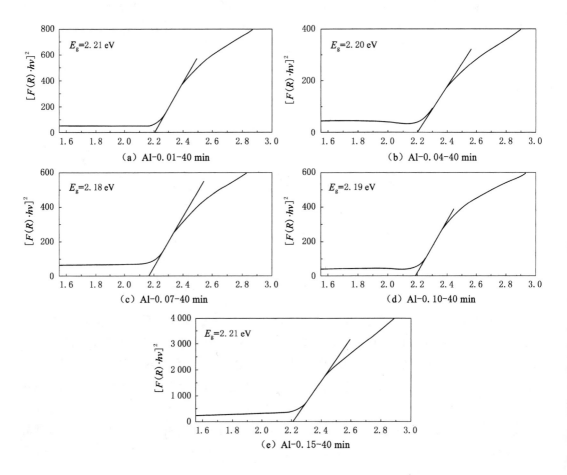

图 4-9　不同掺杂浓度样品 CdS/Si-NPA 的带隙计算图

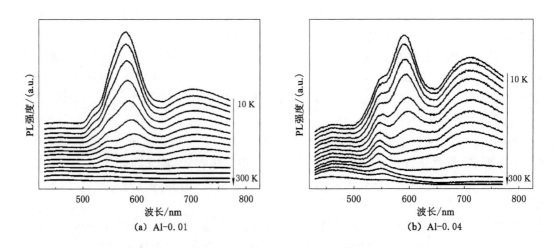

图 4-10　不同掺杂浓度样品 CdS/Si-NPA 的变温光致发光谱

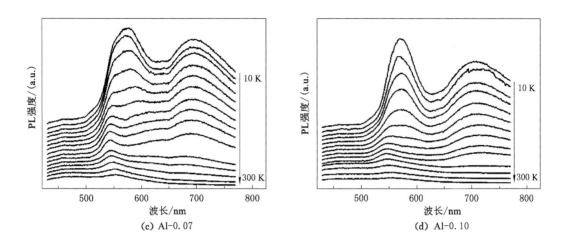

(c) Al-0.07

(d) Al-0.10

图 4-10(续)　不同掺杂浓度样品 CdS/Si-NPA 的变温光致发光谱

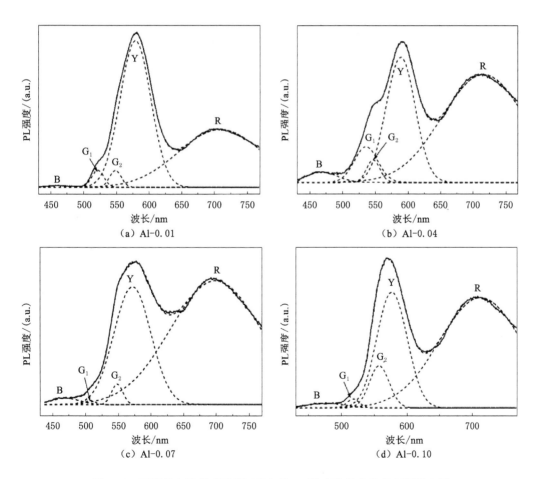

（a）Al-0.01

（b）Al-0.04

（c）Al-0.07

（d）Al-0.10

图 4-11　不同掺杂浓度 CdS/Si-NPA 的 10 K 光致发光谱的高斯拟合图

施主能级上电子到价带的跃迁[40-42]，且 G_1 峰随着掺杂浓度的增大先"红移"后"蓝移"，与前面计算的带隙变化规律一致。Y 峰来自与 Cd 间隙有关的施主能级上电子到与 Cd 空位有关的受主能级的跃迁[41,43]。由于在掺杂量较低时掺入的 Al 扮演着填充 Cd 空位、中立 S 空位的角色，所以掺入 Al 后，Cd 空位浓度降低，Cd 间隙和 S 间隙浓度增大，从而导致适量的掺杂之后，Y 峰积分强度减弱。R 峰与 S 空位和 S 间隙有关[41,47]。

表 4-5　不同掺杂浓度样品 CdS/Si-NPA 10 K 时 PL 谱的高斯拟合峰位　　　单位：nm

样品名称	B 峰	G_1 峰	G_2 峰	Y 峰	R 峰
Al-0.01	460	520	548	579	709
Al-0.04	468	535	546	588	716
Al-0.07	477	507	548	571	698
Al-0.10	476	517	557	577	712

除发光峰位外，发射峰强度的变化也是对纳米晶内在特性的反映，外部温度的改变将会对其发射强度产生影响[45,48-50]。图 4-12 给出了各发光带的积分强度随温度倒数的变化关系。从图 4-12 可以看出，除样品 Al-0.07 和 Al-0.10 外，其他样品的发射峰强度均随温度的升高而减小，并且在低温区峰值强度随温度变化缓慢，但是超过相应温度值后，峰强急剧减小。说明在低温和高温区应是两个不同的变化过程[51]。根据半导体跃迁理论，发光强度随温度的变化关系可用式(3-1)描述。依据式(3-1)拟合得到的各发光峰的 E_1、E_2 值列于表 4-6 中。对于样品 Al-0.07 和 Al-0.10，在 10～60 K 内，峰 G 的强度随温度的升高而升高，在 60 K 时达到最大，然后迅速降低。峰 Y 和峰 R 的变化趋势与其他样品的发光峰一致，在低温区缓慢降低，在高温区急剧减小。

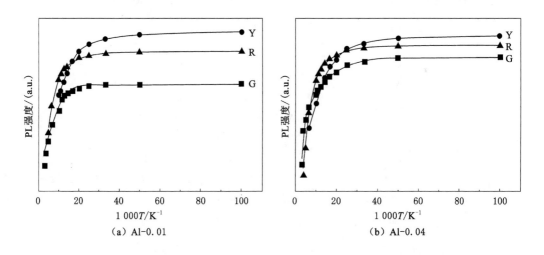

图 4-12　不同掺杂浓度样品 CdS/Si-NPA 各发光峰与温度的关系图

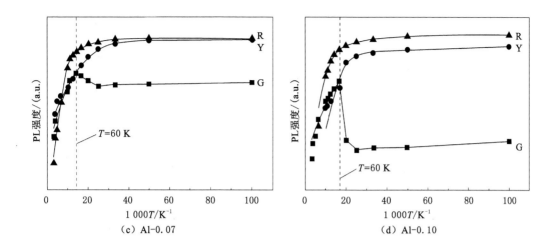

图 4-12(续) 不同掺杂浓度样品 CdS/Si-NPA 各发光峰与温度的关系图

由表 4-6 可以看出,在高温区,所有发光峰的热激活能均随着掺杂浓度的增大先增大后减小。G 发射带的激活能从 19.7 meV 增大到 126 meV,后又减小到 23.8 meV。Y 发射带的激活能从 26.9 meV 增大到 39.5 meV,后又减小到 14.9 meV。R 发射带的激活能从 28.2 meV 增大到 58.8 meV,后又减小到 43.8 meV。CdS 的纵光学声子能和横光学声子能分别为 38 meV 和 34 meV[41],可见各发光峰的热激活能接近光学声子能,或者是其 2~3 倍。表明高温区域的主要热淬灭过程是声子辅助热逃逸过程。Al 的掺入仅改变参与辅助的声子的量,并不改变其热淬灭机制。低温区的热淬灭主要是受主能级附近的局域态到受主能级的跃迁。

表 4-6 不同掺杂浓度样品 CdS/Si-NPA 的各峰位激活能 E_1 和 E_2 值   单位:meV

样品名称		E_1	E_2
Al-0.01	G	5±1.8	19.7±2.3
	Y	5.39±0.4	26.9±1.3
	R	11.2±1.9	50.9±9.8
Al-0.04	G	5.39±0.4	28.2±8.6
	Y	10.9±7.2	39.5±10.2
	R	11.5±1.1	52.9±5.5
Al-0.07	G		126±35.4
	Y	3.09±2.4	35.4±8.3
	R	10.8±0.1	58.8±4.6
Al-0.10	G		23.8±3.7
	Y	5.78±0.6	14.9±1.4
	R	6.57±0.8	43.8±5.7

4.4.2　掺杂 Al 元素 CdS/Si-NPA 的电学性能

电阻率是反映半导体材料导电性能的重要参数之一,而且由前面的分析可知,CdS 的电阻率对基于 CdS/Si-NPA 复合体系的太阳能电池性能有重要影响,所以对掺杂 Al 后 CdS 薄膜电阻率的研究是很有必要的。采用四探针法测得的掺杂后各样品电阻率值分别为 6.49×10^3 Ω·cm(样品 Al-0.01)、1.82×10^3 Ω·cm(样品 Al-0.04)、2.31×10^2 Ω·cm(样品 Al-0.07)、2×10^4 Ω·cm(样品 Al-0.10)。为了对比,同时测试了未掺杂样品的电阻率值为 5.31×10^4 Ω·cm。很明显,Al 的掺入使得 CdS 薄膜的电阻率显著降低,并且在掺杂量 $n(Al):n(Cd)=0.07$ 时达到最小值。此变化趋势与 H. Khallaf 研究组报道的一致[15]。相对于未掺杂样品,样品 Al-0.07 的电阻率降低了 2 个数量级。在掺杂浓度较低时,电阻率的减小主要是由于 Al 原子作为施主原子占据了 Cd 位,同时提供一个电子,可在晶格中自由移动,使得载流子浓度增大,电导率增大,电阻率减小[1]。但是掺杂过量 Al 后,Al 原子不再产生电子而是变为中性缺陷,所以电阻率没有增大,反而减小[1,52]。

为了研究掺杂 Al 对 CdS/Si-NPA 复合体系 J-U 性能的影响,采用与掺杂 B 样品相同的方法制备了背电极 Al 和顶电极 ITO。然后采用相同仪器和测试条件对掺杂 Al 的复合体系进行 J-U 测试。同样规定当 Al 电极接电源正极、ITO 电极接电源负极时所加电压为正偏。

图 4-13 为不同掺杂浓度样品 CdS/Si-NPA 的电流密度-电压的关系曲线。很明显,所有样品都有较明显的整流特性。随着掺杂浓度的增大,各样品的电学参数随之改变。不同掺杂浓度样品 CdS/Si-NPA 复合体系 J-U 关系的电学参数对比见表 4-7。

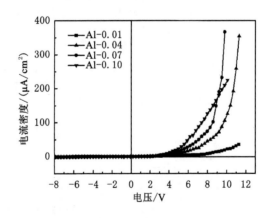

图 4-13　不同掺杂浓度样品 CdS/Si-NPA 的电流密度-电压的关系曲线

表 4-7　不同掺杂浓度样品 CdS/Si-NPA 的整流参数

样品名称	开启电压 U_{on}/V	反向截止电压 U_R/V	反向饱和电流密度 J_R/(mA/cm²)	理想因子 n
Al-0.01	2.9	7.6	5.5	20.9
Al-0.04	2.6	4.8	10.4	19.8
Al-0.07	2.3	5.8	10.2	14.3
Al-0.10	2.1	5.2	10.9	21.7

由表 4-7 可以看出,掺杂 Al 后 CdS/Si-NPA 的 *J-U* 关系具有以下特征:

(1) 与未掺杂样品 U_{on}(3.0 V)相比,掺杂后复合体系的 U_{on} 降低。

(2) 与未掺杂样品 U_R(3.2 V)相比,掺杂后复合体系的 U_R 显著增大,都高于 5 V,并且掺杂 Al 后复合体系的漏电流密度都很小,表明掺杂 Al 后有利于提高 CdS/Si-NPA 的稳定性和发光效率。

(3) *n* 值反映了界面缺陷态的浓度。随着掺杂 Al 的量的增加,复合体系的 *n* 值先减小后增大,且在掺杂量 $n(Al):n(Cd)=0.07$ 时达到最小值。说明相比其他掺杂样品,样品 $n(Al):n(Cd)=0.07$ 的薄膜均匀性最好,界面态浓度最低。

综上所述,掺入 Al 后显著降低了 CdS 薄膜的电阻率,明显改善了 CdS/Si-NPA 的整流特性。尤其是样品 Al-0.07 具有最低的电阻率和最佳的整流参数,如最小的开启电压、相对小的漏电流密度、相对大的击穿电压和最小的理想因子。

4.5　掺杂 Al 元素 CdS/Si-NPA 的电致发光性能

通过前面的研究可知,掺入 Al 极大改善了 CdS 薄膜的电学性能,如极大地降低了其电阻率和明显改善了 CdS/Si-NPA 的整流特性等[3]。所以掺入 Al 将会极大地影响 CdS/Si-NPA 异质结器件的电致发光性能。因此,我们测试了不同掺杂浓度样品在不同正向偏压下的电致发光性能,如图 4-14 所示。从图中可以看出,加入 Al 对 CdS/Si-NPA 异质结

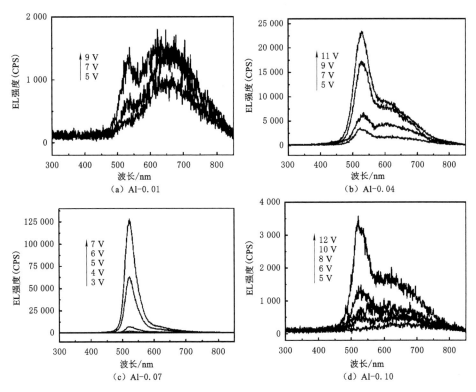

图 4-14　不同掺杂浓度样品 CdS/Si-NPA 在不同正向偏压下的电致发光谱

的电致发光性能有显著影响。相对于未掺杂样品(前面在研究掺杂 B 时已进行详细分析),掺杂 Al CdS/Si-NPA 的 EL 谱由单一的绿光发射变为绿光-红光双发射。绿光发射强度随掺杂 Al 的量的增加先增强后减弱,其中样品 Al-0.07 中绿光 EL 强度最大。红光强度和绿光强度比,随着掺杂 Al 的量的增加先减小后增大,样品 Al-0.07 达到最小值。可见,样品 Al-0.07 中缺陷浓度最低。样品 Al-0.07 的开始工作电压最低为 3 V,其他样品的开始工作电压均为 5 V。综上所述,掺入 Al 可以有效降低 CdS/Si-NPA 的开始工作电压,拓宽其 EL 谱的发光颜色,增强其 EL 强度。经过分析可知,Al 的最佳掺杂量 $n(Al):n(Cd)$ 为 0.07。

4.6　掺杂 Al 元素 CdS/Si-NPA 的光伏性能

通过前面的分析可知,掺入 Al 降低了 CdS 薄膜的缺陷浓度,极大地减小了 CdS 薄膜的电阻率,明显改善了 CdS/Si-NPA 的电学特性。所以掺入 Al 可明显改善 CdS/Si-NPA 新型太阳能电池的光伏性能。因此,我们测试了不同掺杂浓度样品的光照 J-U 特性,为了对比,同时给出了未掺杂样品的光照 J-U 特性,如图 4-15 所示。很明显,掺入 Al 后对样品的光伏性能有较大影响。表 4-8 列出了不同掺杂浓度样品的光伏参数。由图4-15和表 4-8 可知,除样品 Al-0.01 外,其他掺杂样品的光伏性能均有较大提升。R_s 从未掺杂时的 93.8 kΩ 降低至 0.54 kΩ、0.34 kΩ 和 13.9 kΩ。J_{sc} 从未掺杂时的 3.16 μA/cm² 提高至 76.3 μA/cm²、90.2 μA/cm² 和 4.55 μA/cm²。U_{oc} 有所降低,FF 几乎不变。因此,能量转换效率从未掺杂时的 $2.64×10^{-6}$ 提高至 $1.40×10^{-5}$、$3.75×10^{-4}$、$2.39×10^{-5}$。可见,掺入 Al 有效减小了器件的串联电阻,增大了器件的短路电流密度,从而有效地提高了器件的转换效率。其中,样品 Al-0.07 的光伏性能最好,串联电阻仅为未掺杂样品的 0.3%,短路电流密度是未掺杂样品的 30 倍,转换效率是未掺杂样品的 150 倍。该结果表明,掺入 Al 是提高 CdS/Si-NPA 异质结光电性能的一种有效途径,最佳掺杂量 $n(Al):n(Cd)=0.07$。

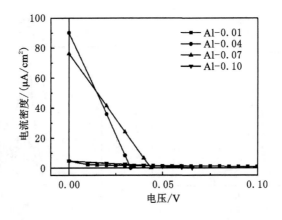

图 4-15　不同掺杂浓度样品 CdS/Si-NPA 的光照 J-U 特性

表 4-8 不同掺杂浓度样品 CdS/Si-NPA 的光伏参数

样品名称	$R_s/\text{k}\Omega$	U_{oc}/mV	$J_{sc}/(\mu\text{A/cm}^2)$	FF	η
Al-0	93.8	290	3.16	22.8/%	2.60×10^{-6}
Al-0.01	93.5	33.3	5.0	24.4/%	2.82×10^{-6}
Al-0.04	0.54	33.1	76.3	24.1/%	1.40×10^{-5}
Al-0.07	0.34	43.8	90.2	24.7/%	3.75×10^{-4}
Al-0.10	13.9	65.5	4.55	24.1/%	2.39×10^{-5}

4.7 本章小结

本章首先采用 CBD 法制备了掺入 Al 的 CdS/Si-NPA,然后研究了掺入 Al 后对其形貌、结构、物理性能以及基于此体系制备的光电器件性能的影响,具体结论如下:

(1) 测试分析了掺入 Al 对 CdS/Si-NPA 表面形貌和晶体结构的影响。由 FE-SEM 和 HR-TEM 结果可知,低浓度掺杂时,Al 元素的掺入没有影响 CdS/Si-NPA 复合体系的整体形貌,也没有影响 CdS/Si-NPA 多界面纳米异质结构的形成。其中,样品 Al-0.07 的薄膜均匀性和致密性最好。高浓度掺杂时会有大量新物质生成,严重影响薄膜质量,导致薄膜的均匀性和致密性变差,因此掺杂量 $n(\text{Al}):n(\text{Cd})>0.07$ 时不利于制作光电器件。

(2) 测试分析了掺入 Al 对 CdS/Si-NPA 物理性能的影响。

在 370 nm 的紫外光照射下,掺杂样品的室温 PL 谱都有 3 个发射峰,分别为 440 nm 的蓝光、550 nm 的绿光和 800 nm 的红外光。随着掺杂浓度的增大,由于掺入 Al 的方式的改变,导致绿光与蓝光强度比不断减小,红外光不断减弱直至消失 $[n(\text{Al}):n(\text{Cd})>0.07]$。通过对掺杂样品变温光致发光谱的研究,确认其发射峰光来源和热淬灭机制。样品在高温区域的热淬灭过程主要是声子辅助热逃逸过程。Al 的掺入仅改变参与辅助的声子的量,并不改变其热淬灭机制。低温区的热淬灭主要是受主能级附近的局域态到受主能级的跃迁。

随着掺杂浓度的增大,E_g 先减小后增大。E_g 减小是由于 Al 元素替代 Cd 元素,施主能级合并进导带所造成的。E_g 带隙增大是 B-M 效应所致。

测试其电学性能时发现,掺杂浓度较低时,掺入 Al 后易发生晶格替代,占据 Cd 位,明显降低了 CdS 薄膜的电阻率,改善了 CdS/Si-NPA 复合体系的整流特性。但是在高掺杂量时,由于掺入 Al 后主要发生间隙填隙,所以对样品的电学性能改善不大。经分析得到最佳的掺杂量为 $n(\text{Al}):n(\text{Cd})=0.07$,其拥有最低的薄膜电阻率、最大的击穿电压和最小的理想因子。

(3) 通过测试不同掺杂浓度样品的电致发光特性,发现掺入 Al 后降低了复合体系的开始工作电压,增大了 EL 谱强度,拓宽了 EL 谱的发光颜色,由单一的绿光发射变为绿光-红光双光发射。

(4) 通过测试不同掺杂浓度样品的光伏特性,发现掺入 Al 有效地减小了器件的串联电阻,增大了器件的短路电流密度,从而有效提高了器件的转换效率。其中,样品 Al-0.07 的光伏性能最好,串联电阻仅为未掺杂样品的 0.3%,短路电流密度是未掺杂样品的 30 倍,转换效率是未掺杂样品的 150 倍。这一结果表明,掺入 Al 是提高 CdS/Si-NPA 异质结光电性能的一种有效途径,最佳掺杂量 $n(Al):n(Cd)=0.07$。

参 考 文 献

[1] TSAY C Y,HSU WT. Sol-gel derived undoped and boron-doped ZnO semiconductor thin films:Preparation and characterization[J]. Ceramics international,2013,39(7): 7425-7432.

[2] LEE J,YI J,YANGK,et al. Electrical and optical properties of boron doped CdS thin films prepared by chemical bath deposition[J]. Thin solid films,2003,431-432: 344-348.

[3] RUBEL A H,PODDERJ. Structural and electrical transport properties of CdS and Al-doped CdS thin films deposited by spray pyrolysis[J]. Journal of scientific research, 2011,4(1):11.

[4] LEE J,LEE D,LIMD,et al. Structural,electrical and optical properties of ZnO:Al films deposited on flexible organic substrates for solar cell applications[J]. Thin solid films,2007,515(15):6094-6098.

[5] MOSBAH A,AIDA MS. Influence of deposition temperature on structural,optical and electrical properties of sputtered Al doped ZnO thin films[J]. Journal of alloys and compounds,2012,515:149-153.

[6] ZHU H,HÜPKES J,BUNTEE,et al. Novel etching method on high rate ZnO:Al thin films reactively sputtered from dual tube metallic targets for silicon-based solar cells [J]. Solar energy materials and solar cells,2011,95(3):964-968.

[7] YANG T L,ZHANG D H,MAJ,et al. Transparent conducting ZnO:Al films deposited on organic substrates deposited by r. f. magnetron-sputtering[J]. Thin solid films, 1998,326(1-2):60-62.

[8] TAHAR R B H,TAHAR N B H. Boron-doped zinc oxide thin films prepared by Sol-gel technique[J]. Journal of materials science,2005,40(19):5285-5289.

[9] HUHEEY JE. Inorganic Chemistry[M]. 3rd ed. New York:Harper Row,1983.

[10] NAGAMANI K,PRATHAP P,LINGAPPA Y,et al. Properties of Al-doped ZnS Films Grown by Chemical Bath Deposition[J]. Physics procedia,2012,25:137-142.

[11] SOTILLO B,FERNÁNDEZ P,PIQUERASJ. Growth by thermal evaporation of Al doped ZnS elongated micro- and nanostructures and their cathodoluminescence properties[J]. Journal of alloys and compounds,2014,603:57-64.

[12] SINGH P K,KUMAR P,SETHT,et al. Preparation,characterization and application of Nano CdS doped with alum composite electrolyte[J]. Journal of physics and chemistry of solids,2012,73(9):1159-1163.

[13] LI Y F,GUO B B,ZHENG XZ,et al. Improving the efficiency of CdS quantum dot-sensitized $Zn_2 SnO_4$ solar cells by surface treatment with $Al_3 +$ ions[J]. Electrochimica acta, 2012,60:66-70.

[14] MUTHUSAMY M,MUTHUKUMARAN S,ASHOKKUMARM. Composition de-
pendent optical,structural and photoluminescence behaviour of CdS:Al thin films by
chemical bath deposition method [J]. Ceramics international, 2014, 40 (7):
10657-10666.

[15] KHALLAF H,CHAI G Y,LUPANO,et al. Investigation of aluminium and indiumin
situdoping of chemical bath deposited CdS thin films[J]. Journal of physics D:applied
physics,2008,41(18):185304.

[16] XU H J,LI XJ. Silicon nanoporous pillar array:a silicon hierarchical structure with
high light absorption and triple-band photoluminescence[J]. Optics express,2008,16
(5):2933-2941.

[17] AHLBURG H,CAINESR. Cubic cadmium sulfide[J]. The journal of physical chemis-
try,1962,66(1):185-186.

[18] CHEN C C,LIN JJ. Controlled growth of cubic cadmium sulfide nanoparticles using
patterned self-assembled monolayers as a template[J]. Advanced materials,2001,13
(2):136-139.

[19] RITTNER E S,SCHULMAN JH. Studies on the coprecipitation of cadmium and
mercuric sulfides[J]. The journal of physical chemistry,1943,47(8):537-543.

[20] VADIVEL MURUGAN A,SONAWANE R S,KALE BB,et al. Microwave-solvo-
thermal synthesis of nanocrystalline cadmium sulfide[J]. Materials chemistry and
physics,2001,71(1):98-102.

[21] ENRÍQUEZ J P,MATHEWX. Influence of the thickness on structural,optical and e-
lectrical properties of chemical bath deposited CdS thin films[J]. Solar energy materi-
als and solar cells,2003,76(3):313-322.

[22] VENKATESWARAN U,CHANDRASEKHAR M,CHANDRASEKHAR HR. Lu-
minescence and Raman spectra of CdS under hydrostatic pressure[J]. Physical review
B,1984,30(6):3316.

[23] SUZUKI T,YAGI T,AKIMOTO SI,et al. Compression behavior of CdS and BP up
to 68 GPa[J]. Journal of applied physics,1983,54(2):748-751.

[24] ABDOLAHZADEH ZIABARI A,GHODSI FE. Growth,characterization and stud-
ying of Sol – gel derived CdS nanoscrystalline thin films incorporated in polyethyle-
neglycol:Effects of post-heat treatment[J]. Solarenergy materials and solar cells,
2012,105:249-262.

[25] KAUR I,PANDYA D K,CHOPRA KL. Growth kinetics and polymorphism of chem-
ically deposited CdS films[J]. Journal of the electrochemical society,1980,127(4):
943-948.

[26] KHALLAF H,CHAI G Y,LUPANO,et al. In-situ boron doping of chemical-bath de-
posited CdS thin films[J]. Physica status solidi (a),2009,206(2):256-262.

[27] LIU B,XU G Q,GAN LM,et al. Photoluminescence and structural characteristics of
CdS nanoclusters synthesized by hydrothermal microemulsion[J]. Journal of applied

physics,2001,89(2):1059-1063.

[28] ZHAI T Y,FANG X S,BANDOY,et al. Morphology-dependent stimulated emission and field emission of ordered CdS nanostructure arrays[J]. ACS nano,2009,3(4): 949-959.

[29] ZHAO P Q,LIU L Z,XUE HT,et al. Resonant Raman scattering from CdS nano-crystals enhanced by interstitial Mn[J]. Applied physics Letters,2013,102(6): 770-776.

[30] ZHAI T Y,FANG X S,BANDOY,et al. Morphology-dependent stimulated emission and field emission of ordered CdS nanostructure arrays[J]. ACS nano,2009,3(4): 949-959.

[31] FAN H M,NI Z H,FENG YP,et al. Anisotropy of electron-phonon coupling in single wurtzite CdS nanowires[J]. Applied physics letters,2007,91(17):171911.

[32] TELL B,DAMEN T C,PORTO S PS. Raman effect in cadmium sulfide[J]. Physical review,1966,144(2):771-774.

[33] YAMAMOTO A,ENDO H,MATSUURAN,et al. Raman scattering spectra of CdS nanocrystals fabricated by a reverse micelle method[J]. Physica status solidi (c), 2009,6(1):197-200.

[34] MONTAZERI M,SMITH L M,JACKSON HE,et al. Raman stress mapping of CdS nanosheets[J]. Applied physics letters,2009,95(8):083105.

[35] CAO B L,JIANG Y,WANGC,et al. Synthesis and lasing properties of highly ordered CdS nanowire arrays[J]. Advanced functional materials,2007,17(9):1501-1506.

[36] LEEJ. Raman scattering and photoluminescence analysis of B-doped CdS thin films [J]. Thin solid films,2004,451-452:170-174.

[37] SAGAR P,SHISHODIA P K,MEHRA RM,et al. Photoluminescence and absorption in Sol－gel-derived ZnO films[J]. Journal of luminescence,2007,126(2):800-806.

[38] CHESTNOY N,HARRIS T D,HULLR,et al. Luminescence and photophysics of cadmium sulfide semiconductor clusters:the nature of the emitting electronic state [J]. The journal of physical chemistry,1986,90(15):3393-3399.

[39] 李勇. 硫化镉/硅多界面纳米异质结光电特性研究[D]. 郑州:郑州大学,2014.

[40] WANG Y,HERRONN. Photoluminescence and relaxation dynamics of cadmium sulfide superclusters in zeolites[J]. The journal of physical chemistry,1988,92(17): 4988-4994.

[41] ABKEN A E,HALLIDAY D P,DUROSEK. Photoluminescence study of polycrystalline photovoltaic CdS thin film layers grown by close-spaced sublimation and chemical bath deposition[J]. Journal of applied physics,2009,105(6):064515.

[42] SINGH V,SHARMA P K,CHAUHANP. Synthesis of CdS nanoparticles with enhanced optical properties[J]. Materials characterization,2011,62(1):43-52.

[43] AGUILARHERNANDEZ J,SASTREHERNANDEZ J,MENDOZAPEREZR,et al. Photoluminescence studies of CdS thin films annealed in $CdCl_2$ atmosphere[J]. Solar

energy materials and solar cells,2006,90(6):704-712.

[44] VIGIL O,RIECH I,GARCIA-ROCHAM,et al. Characterization of defect levels in chemically deposited CdS films in the cubic-to-hexagonal phase transition[J]. Journal of vacuum science & technology a: vacuum, surfaces, and films, 1997, 15 (4): 2282-2286.

[45] IKHMAYIES S J,AHMAD-BITAR RN. Temperature dependence of the photoluminescence spectra of CdS:In thin films prepared by the spray pyrolysis technique[J]. Journal of luminescence,2013,142:40-47.

[46] KIM S,YOON H,KIM D Y,et al. Optical properties and electrical resistivity of boron-dopedZnO thin films grown by sol-gel dip-coating method[J]. Optical materials, 2013,35(12):2418-2424.

[47] LEE H,YANG H,HOLLOWAY PH. Functionalized CdS nanospheres and nanorods [J]. Physica B:condensed matter,2009,404(22):4364-4369.

[48] ZHAO J L,DOU K,CHEN YM,et al. Temperature dependence of photoluminescence in CdS nanocrystals prepared by the Sol-gel method[J]. Journal of luminescence, 1995,66-67:332-336.

[49] KANEMITSU Y,NAGAI T,YAMADAY,et al. Temperature dependence of free-exciton luminescence in cubic CdS films[J]. Applied physics letters, 2003, 82 (3): 388-390.

[50] BAGAEV E A,ZHURAVLEV K S,SVESHNIKOVA LL. Temperature dependence of photoluminescence from CdS nanoclusters formed in the matrix of Langmuir-Blodgett film[J]. Physica status solidi (c),2006,3(11):3951-3954.

[51] VALERINI D,CRETÍ A,LOMASCOLOM,et al. Temperature dependence of the photoluminescence properties of colloidal CdSe/ZnScore/shell quantum dots embedded in a polystyrene matrix[J]. Physical review B,2005,71:235409.

[52] PAWAR B N,JADKAR S R,TAKWALE MG. Deposition and characterization of transparent and conductive sprayed ZnO:B thin films[J]. Journal of physics and chemistry of solids,2005,66(10):1779-1782.

5 掺杂 In 元素 CdS/Si-NPA 的制备、表征及其光电性能

In 是ⅢA族元素,其最外两层电子排布方式为 $5s^2 5p^1$,而 Cd 是ⅡB族元素,其最外两层电子排布方式是 $4d^{10} 5s^2$。In 被认为是一种提高硫化镉电传输性能的最有效元素之一。掺杂 In 硫化镉具有良好的电传输特性、很高的电导性能、良好的热稳定性和化学稳定性,使得掺杂 In 的 CdS 广泛应用于太阳能电池、传感器等电子器件和光电器件。L. D. Partain 等通过热扩散制备了 In 掺杂的 CdS,发现其载流子浓度较未掺杂时提升了 1 个数量级[1]。W. C. Zhou 等通过热蒸发制备了掺杂 In 的 CdS 纳米线,发现其 PL 谱由单一的带边发射变为带边和缺陷同时发射,最终变为高掺杂浓度时的单一缺陷发射[2]。S. J. Ikhmayies 等采用喷雾热解法(SP)在玻璃上制备了掺杂 In 的 CdS 薄膜,测试了其变温 PL 谱,确认了各发射峰来源[3-4]。Z. He 等发现掺杂 In 的 CdSe 纳米线电子浓度高达 10^{19} cm^{-3}[5]。V. K. Singh 等采用固相反应法制备了掺杂 In 的 CdS 纳米颗粒,发现其带边发射由 475 nm"蓝移"至 425 nm,并且暗电流明显增加,电导率增大[6]。C. Coluzza 等采用真空蒸发的方法在单晶硅衬底上沉积了掺杂 In 的 CdS 薄膜[7],得到了光电转换效率为 9.5% 的 CdS:In/Si 异质结太阳能电池。J. S. Cruz 等采用 CBD 法通过在反应物中添加相应金属盐的方法,制备了 F、Zn、In 和 Sn 等微量杂质掺杂的 CdS 薄膜,发现:掺杂 Zn 的 CdS 薄膜的光学带隙增加、晶粒尺寸减小、电阻率减小;掺杂 F 的 CdS 薄膜的光学带隙减少、透射率降低、晶粒尺寸减小;掺杂 In 和 Sn 的 CdS 薄膜的光学带隙减小、晶粒尺寸减小、电阻率增大[8]。S. J. Ikhmayies 等发现将 In 掺入 CdS 中将减小两者的接触电阻[9]。S. Butt 等首先通过近空间升华法(CSS)在玻璃基底上制备了 CdS 薄膜,然后通过热扩散将 In 掺入其中,发现其电阻率由未掺杂时的 $10^6 \sim 10^8$ Ω·cm 降至 $10^{-2} \sim 10$ Ω·cm[10]。K. Ravichandran 等采用连续离子层吸附法(SILAR)在玻璃基底上制备了掺杂 In 的 CdS 薄膜,发现其薄膜厚度减小、带隙增大、CdS 纳米颗粒尺寸减小,分析认为是由于 In 离子占据 Cd 离子位置所致[11]。

本章将研究掺杂 In 元素对 CdS/Si-NPA 形貌、结构、物理性能以及基于此体系的光电器件性能的影响。

5.1 掺杂 In 元素 CdS/Si-NPA 的制备

由于 In_2S_3 在水中的溶解度($K_{sp} = 10^{-73.24}$)远低于 CdS 的溶解度($K_{sp} = 10^{-27.94}$)[12],所以采用 CBD 法进行生长时,In 元素的掺杂浓度必须很小而且反应时间必须很短,即使如此,绝大部分的 S 还是会与 In 反应生成 In_2S_3,导致 CdS 的生成量极少[12]。为了解决此问题,我们采用 SILAR 法生长 In 元素掺杂的 CdS/Si-NPA。

SILAR 法是一种简单的薄膜制备方法[13-21],最早是由 Y. F. Nicolau 提出的[22]。其综

合了化学浴沉积法和原子层外延法的优点,可用于制备不溶性离子或离子化合物的多晶和外延薄膜[18,21,23-24]。此外,它还可以用来制备 CdS 量子点[25-27]。采用 SILAY 方法也制备出了质量优异的 CdS 薄膜[13,21,28-32]。SILAR 法是将基底按照一定顺序分别浸泡到分开放置的阳离子和阴离子溶液中,且在每次浸泡后用去离子水或无水乙醇多次洗涤,去除多余离子和杂质离子。

SILAY 法制备薄膜具备以下优点:(1)成本低廉,工艺简单,可实现工业化大规模生产。它是一种溶液制备方法,对操作环境要求不高,可实现低温薄膜生长。(2)薄膜的厚度和成膜速率容易控制。通过控制吸附时间和反应进行的次数可控制薄膜厚度[15,28];通过调节前驱物的浓度和 pH 值可以控制成膜速率。(3)制备的薄膜附着性和均匀性良好。制备过程中,形成化合物所需的阴、阳离子存在于不同的溶液中,可以避免在 CBD 法中出现同相成核现象,因此形成均匀、致密的薄膜。

影响 SILAY 法制备薄膜质量的因素有很多,如反应溶液的浓度与酸碱性、漂洗过程、循环次数和沉浸时间等。为了制备高质量的 CdS 薄膜,需要确定最优的生长参数[11,15,21,28]。因此,在进行 In 元素掺杂之前应确定采用 SILAY 法制备 CdS/Si-NPA 的合适条件。

5.1.1 SILAY 法制备 CdS/Si-NPA

首先,选择阴阳离子前驱体溶液。因为衬底容易被强酸、强碱腐蚀,所以所选溶液的 pH 值不能小于 4 也不能大于 10。阳离子 Cd^{2+} 前驱体溶液选择醋酸镉水溶液,其 pH 值为5,呈弱酸性,不会破坏衬底 Si-NPA 的表面形貌。通常制备 CdS 时多采用硫化钠水溶液做阴离子 S^{2-} 前驱体溶液。但是硫化钠水溶液的 pH 值为 12,呈强碱性,将严重破坏 Si-NPA 的表面形貌,所以选用硫化铵水溶液作为阴离子 S^{2-} 前驱体溶液,它的 pH 值为 9,呈弱碱性,不会破坏衬底形貌。其次,溶液浓度的选定参考文献[33]中给出的制备条件。

由前期工作可知,CdS 薄膜的厚度对 CdS/Si-NPA 复合体系的光电性能有重要影响。在 SILAR 制备方法中,循环次数直接决定薄膜厚度。因此,为了制备合适厚度的 CdS 薄膜,分别制备了不同循环次数的薄膜。具体制备过程如下:首先将 0.1 mol/L 的醋酸镉溶于50 mL 去离子水中配置成阳离子前驱溶液;然后将 0.1 mol/L 的 $(NH_4)_2S$ 溶于 50 mL 去离子水中配置阴离子前驱溶液;反应时,阴阳离子前驱溶液中都放入小磁子搅拌,搅拌速率为30 次/s。

制备 CdS/Si-NPA 的具体过程如下:先将基底 Si-NPA 放入阳离子前驱溶液中浸渍1 min;取出后用去离子水冲洗 1 min,以去除多余的阳离子;接着将吸附过阳离子的基底放入阴离子前驱溶液中浸渍 1 min;取出后同样用去离子水冲洗 1 min,去除多余的阴离子和未附着在基底上的 CdS。此为一个反应过程。

按上述步骤我们制备了循环次数为 15 次、20 次、25 次、30 次和 35 次的样品,分别标记为 SILAR-15、SILAR-20、SILAR-25 和 SILAR-30,其表面形貌如图 5-1 所示。

由图 5-1 可以看出,循环 15 次的样品表面未形成均匀的 CdS 薄膜,从其俯视图可以明显看到衬底 Si-NPA 的柱子顶端形貌。循环 20 次的样品,从侧视图来看部分区域已被覆盖,但是从俯视图看衬底的柱子顶端和底端虽然已被覆盖,但是柱子中间裸露。循环 25 次的样品,无论从俯视图还是从侧视图看,衬底表面都已经形成一层均匀、致密的 CdS 薄膜。

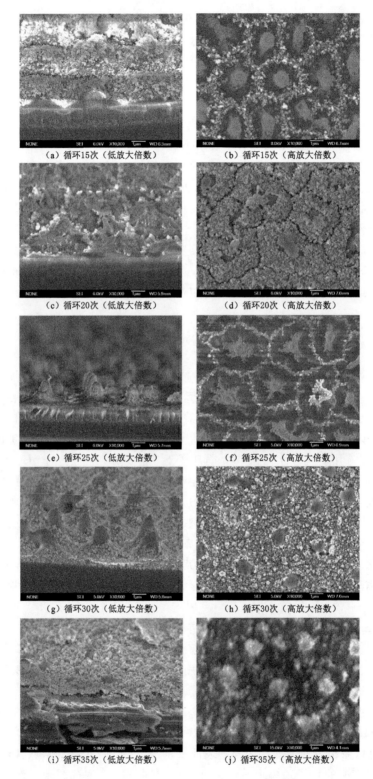

（a）循环15次（低放大倍数）　　　　（b）循环15次（高放大倍数）

（c）循环20次（低放大倍数）　　　　（d）循环20次（高放大倍数）

（e）循环25次（低放大倍数）　　　　（f）循环25次（高放大倍数）

（g）循环30次（低放大倍数）　　　　（h）循环30次（高放大倍数）

（i）循环35次（低放大倍数）　　　　（j）循环35次（高放大倍数）

图 5-1　SILAR 制备的 CdS/Si-NPA 的 FE-SEM 图

循环次数超过 25 次后,由于表面 CdS 形成速度较快,与衬底的附着性变差,在冲洗过程中易导致附着性最差的柱子顶端 CdS 流失。所以,从俯视图可以看到衬底 Si-NPA 的柱子顶端裸露。因此,25 次是制备 CdS/Si-NPA 复合体系的最佳循环次数。

5.1.2　SILAY 法制备掺杂 In 元素 CdS/Si-NPA

采用 SILAY 法进行元素掺杂通常采用以下两种途径:(1) 直接将掺杂物混合到阴离子或阳离子溶液中一起吸附[34-36];(2) 配置单独的掺杂物溶液[31],先将基底放入阳/阴离子溶液中浸渍,之后再放入掺杂物溶液中进行掺杂。在实际制备过程中,由于前者更方便实施,所以是目前采用较多的掺杂方法[35,37]。

在制备掺杂 In 元素 CdS/Si-NPA 的过程中,选 $InCl_3 \cdot 4H_2O$ 作为 In 元素掺杂源。具体制备过程同上,循环次数为 25。In 元素掺杂量依据 In 与 Cd 的物质的量比[$n(In):n(Cd)$]来确定,分别选为 0.02、0.04、0.06、0.08 和 0.10。反应完成后取出样品用去离子水反复冲洗,氮气氛围干燥,即制得 In 元素掺杂 CdS/Si-NPA 样品。为方便讨论,将掺杂不同浓度 In 元素后的样品进行统一标记。掺杂量 $n(In):n(Cd)=0.02$ 的样品标记为 In-0.02;掺杂量 $n(In):n(Cd)=0.04$ 的样品标记为 In-0.04;掺杂量 $n(In):n(Cd)=0.06$ 的样品标记为 In-0.06;掺杂量 $n(In):n(Cd)=0.08$ 的样品标记为 In-0.08;掺杂量 $n(In):n(Cd)=0.10$ 的样品标记为 In-0.10。

5.2　掺杂 In 元素 CdS/Si-NPA 的表面形貌

图 5-2 为不同掺杂浓度样品 CdS/Si-NPA 的 FE-SEM 图。从图中可以清晰看出,所有样品都保持了衬底 Si-NPA 的规则柱状阵列形貌。由文献[11]可知,In 的掺入将降低 CdS 颗粒的生成速率,减小其薄膜厚度。因此,在掺杂浓度较低时,由于反应剧烈,薄膜表面粗糙度较高,故样品 In-0.02 和样品 In-0.04 表面有大量 CdS 颗粒团聚物。随着掺杂浓度的增大,反应速度降低,样品 In-0.06、In-0.08 和 In-0.10 中 CdS 薄膜的均匀性和致密性提高,表面未见大颗粒团聚物,CdS 薄膜厚度和颗粒尺寸均减小。从样品 In-0.10 侧面形貌可知,其衬底表面已形成一层均匀、致密的 CdS 颗粒薄膜,并且 CdS 颗粒大小均匀,薄膜表面无针孔和团聚物。因此,In 的掺入明显改善了 CdS 薄膜的质量。其中,从 FE-SEM 侧视图和俯视图来看,样品 In-0.10 的 CdS 薄膜质量最佳,均匀性、致密性最好,粗糙度最低。

由于 In 易与 S 反应生成 In_2S_3[12],所以 In 的加入必将影响 CdS 的生长速度和 CdS 的物质的量比。分别从柱子的顶端、中部和底部选取 6 个点对不同掺杂浓度样品进行 EDS 元素分析,其元素含量见表 5-1。由于所有样品元素种类相同,只是含量不同,所以仅给出样品 In-0.10 中各元素谱线图作为代表,如图 5-3 所示。表中 O 元素来自被氧化的衬底[38]。很明显,In 的含量随原始掺杂量的增加不断增大,并且 $n(In):n(Cd)$ 小于原始掺杂量但接近于原始掺杂量。虽然 In 易与 S 反应生成 In_2S_3,但是在生长过程中采用的是 SILAY 法,阴阳离子分别置于不同溶液中,所以对 Cd 元素的含量影响不大。由于 In 的掺入量较小,所以对 S 元素的含量影响也不明显,只是随着掺杂量的增加稍有降低。但是 In 的掺入对 $n(S):[n(Cd)+n(In)]$ 的影响较大。由文献[11]可知,采用 CBD 法制备的 CdS 薄膜,由于存在大量 S 间隙,使得 $n(S):n(Cd)$ 不超过 0.9,所以 CdS 薄膜中产生

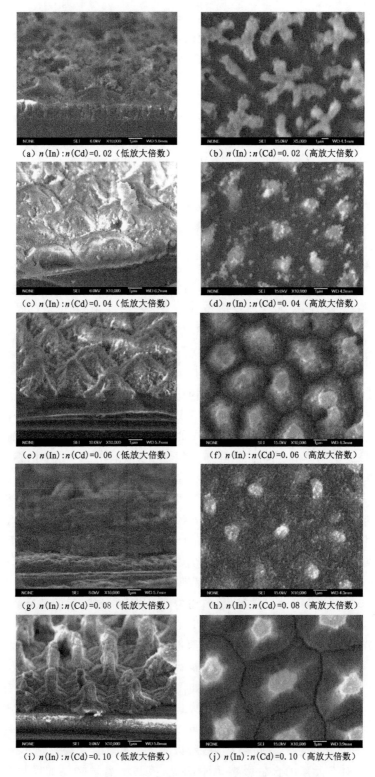

(a) $n(\text{In}):n(\text{Cd})=0.02$（低放大倍数）　　(b) $n(\text{In}):n(\text{Cd})=0.02$（高放大倍数）

(c) $n(\text{In}):n(\text{Cd})=0.04$（低放大倍数）　　(d) $n(\text{In}):n(\text{Cd})=0.04$（高放大倍数）

(e) $n(\text{In}):n(\text{Cd})=0.06$（低放大倍数）　　(f) $n(\text{In}):n(\text{Cd})=0.06$（高放大倍数）

(g) $n(\text{In}):n(\text{Cd})=0.08$（低放大倍数）　　(h) $n(\text{In}):n(\text{Cd})=0.08$（高放大倍数）

(i) $n(\text{In}):n(\text{Cd})=0.10$（低放大倍数）　　(j) $n(\text{In}):n(\text{Cd})=0.10$（高放大倍数）

图 5-2　不同掺杂浓度样品 CdS/Si-NPA 的 FE-SEM 图

大量由于物质的量不平衡引入的缺陷,会对薄膜的光电性能造成众多不利影响。由表 5-1 可以明显看出,In 的掺入使得物质的量比非常接近 1,对薄膜的光电性能有较大改善。

表 5-1 不同掺杂浓度样品 CdS/Si-NPA 的元素含量(原子百分比)表

样品名称	In	S	Cd
In-0.02(n(S):[n(Cd)+n(In)]=0.94)	0.41%	27.4%	28.7%
In-0.04(n(S):[n(Cd)+n(In)]=0.95)	0.75%	26.5%	27%
In-0.06(n(S):[n(Cd)+n(In)]=0.95)	1.06%	26%	26.3%
In-0.08(n(S):[n(Cd)+n(In)]=0.97)	2.03%	26.7%	25.5%
In-0.10(n(S):[n(Cd)+n(In)]=0.98)	2.37%	25.9%	24.1%

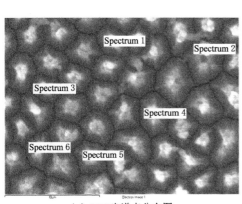 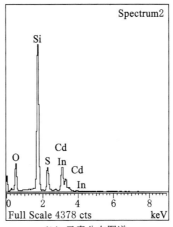

(a)EDS光谱点分布图　　　　(b)元素分布图谱

图 5-3　样品 In-0.10 中 EDS 光谱点分布图和元素分布图谱

5.3　掺杂 In 元素 CdS/Si-NPA 的结构

图 5-4 是掺杂 In 元素 CdS/Si-NPA 的 XRD 图,为了便于对比,图中给出了相同条件制备的未掺杂样品的 XRD 图。从图 5-4 可以看出,与未掺杂样品相比,没有新的衍射峰出现。所有衍射峰均来自六方相 CdS,分别是位于 24.80°的 CdS(100)、26.45°的 CdS(002)、28.03°的 CdS(101)、43.72°的 CdS(100)、47.78°的 CdS(103)和 51.89°的 CdS(112)晶面衍射峰。其中,样品 In-0.10 除了上述衍射峰外,还分别在 36.55°、50.96°和 52.81°处出现了 CdS(102)、CdS(200)和 CdS(201)衍射峰。随着掺杂浓度的增大,峰位没有明显移动,表明 In 元素的掺杂不影响 CdS 的晶体结构,即未破坏薄膜的结晶质量。

表 5-2 列出了不同掺杂浓度样品 CdS/Si-NPA 的晶格常数 a 和 c 值。很明显,随着掺杂量 n(In):n(Cd)的增大,a、c 值不断减小。由于掺入 In 后占据了 Cd 的位置,发生晶格替

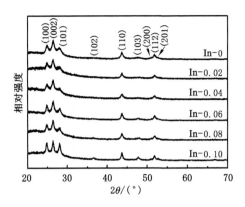

图 5-4　不同掺杂浓度样品 CdS/Si-NPA 的 XRD 图

代,而 In 的离子半径(0.80 Å)小于 Cd 的离子半径(0.97 Å),所以掺入 In 后,晶格常数 a、c 均变小[39]。晶格畸变程度可以通过晶格常数 a 和 c 的比值来判别[40]。随着掺杂浓度的增大,a/c 值变化微小,进一步表明 In 的加入没有造成 CdS 晶体结构严重畸变,对其结构影响不大。通过谢勒公式,计算得到 6 个样品的晶粒尺寸分别为:22.43 nm(In-0)、18.21 nm (In-0.02)、16.35 nm(In-0.04)、15.82 nm(In-0.06)、14.36 nm(In-0.08)和 12.96 nm (In-0.10)。可见,随着掺杂浓度的增大,CdS 晶粒尺寸不断减小,与前面 FE-SEM 的结果一致。

表 5-2　不同掺杂浓度样品 CdS/Si-NPA 的晶格常数 a 和 c 值

样品名称	$a/\text{Å}$	$c/\text{Å}$	a/c
In-0	4.137	6.748	0.613
In-0.02	4.137	6.740	0.614
In-0.04	4.138	6.734	0.614
In-0.06	4.139	6.742	0.613
In-0.08	4.140	6.738	0.612
In-0.10	4.138	6.734	0.614

5.4　掺杂 In 元素 CdS/Si-NPA 的物理性能

5.4.1　掺杂 In 元素 CdS/Si-NPA 的光学性能

5.4.1.1　掺杂 In 元素 CdS/Si-NPA 的室温光致发光特性

由前面的分析可知,掺入 In 明显提升了 CdS 薄膜的均匀性和致密性,降低了薄膜的粗糙度,有利于制备高性能的光电器件。接下来分别测试了掺入 In 后样品的室温和变温 PL 谱。图 5-5 为掺杂不同浓度样品 CdS/Si-NPA 的室温光致发光谱,激发波长为 370 nm,同时安装 400 nm 长波通滤光片以消除杂散光和二级衍射光的影响。由图可知,所有样品的 PL 谱都由 2 个发射带组成,分别为位于 436 nm 的蓝光(B 带)和 520 nm 的绿光(G 带)。根据前面的分析,位于 440 nm 的 B 发光带来自于衬底 Si-NPA[41],由于 CdS 薄膜较薄,激发光可能穿透薄膜照射到衬底上。位于 520 nm 的 G 发光带来自于自由激子的带边发射。随着掺杂浓度的增大,生长速率减小,薄膜厚度减小,所以两发射带发光强度不断降低。G 带与 B 带强度比随掺杂浓度增大不断增大。由形貌分析可知,掺杂浓度低时样品的表面粗糙度较高,CdS 与衬底的结合力差,有大量 CdS 团簇和针孔存在,所以 B 带强度高。随着掺杂量浓度的增大,薄膜均匀性和致密性提升,所以 B 带强度大幅度减弱,但是由于薄膜厚度变薄,所以 G 带强度略有减小,但是 G 带与 B 带强度比依然增大。同时可以看出,In 的掺入明显改善了 CdS 薄膜的物质的量比,所以其缺陷态密度显著减小,故室温 PL 谱中没有缺陷发射峰,即 In 的掺入有利于高效 CdS 光电器件的制备。

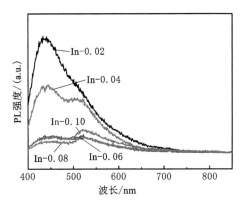

图 5-5　不同掺杂浓度样品 CdS/Si-NPA 的室温光致发光谱图(激发波长 370 nm)

图 5-6 为不同掺杂浓度样品 CdS/Si-NPA 在 300~800 nm 范围内的积分发射谱。因为掺杂浓度低时 CdS 薄膜质量较差,有较多空隙出现,衬底 Si-NPA 对光的吸收作用较强,所以样品 In-0.02 和 In-0.04 的平均积分反射率小于 6%,较高于衬底的平均积分反射率。随掺杂浓度的增大,样品表面薄膜的均匀性和致密性不断提高,衬底的吸收作用减弱,所以反射率增大。并且,随着掺杂浓度的增大,样品的吸收边有较大改变。吸收边的变化反映了带边电子的跃迁情况,即带隙 E_g 的改变。针对我们的复合体系,可以采用 K-M 方法来计算带隙[42-43]。经计算可得,掺杂后各样品的 E_g 分别为 2.25 eV(In-0.02)、2.28 eV(In-0.04)、2.34 eV(In-0.06)、2.36 eV(In-0.08)和 2.37 eV(In-0.10)。未掺杂样品的 E_g 为 2.22 eV。可见,随着 In 掺杂量的增加,E_g 不断增大,与相关文献报道一致[3],主要是由于 In 元素的掺入使 In 离子替代了 Cd 离子,并贡献 1 个电子,增大了载流子浓度,所以带隙随之增加[3]。

5.4.1.2　掺杂 In 元素 CdS/Si-NPA 的变温光致发光特性

在室温测试环境中,声子的热振动导致复合体系中与缺陷态有关的光谱热淬灭。为了澄清 In 掺杂对 CdS 内部缺陷态的影响,采用与掺 B 样品相同的方法测试了 In 掺杂样品

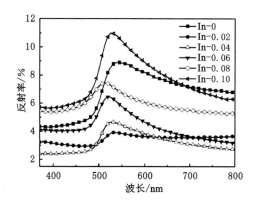

图 5-6　不同掺杂浓度样品 CdS/Si-NPA 的积分发射谱

CdS/Si-NPA 的变温光致发光谱。

由图 5-7 可以明显看出,在室温 PL 谱中未出现的缺陷态发光,在变温 PL 谱中都显现出来了,如缺陷相关的绿光发射、红光发射等。且不同掺杂浓度的样品变温 PL 谱差别明显。所有样品的 PL 谱都由蓝光、绿光和红光三个发射带组成,其对应强度随温度增加而减弱。掺杂浓度较低时,样品的缺陷峰较多,如样品 In-0.02 中除了带边绿光发射带外,还有与缺陷相关的绿光发射带。而掺杂浓度较高时,如样品 In-0.10,即使在接近 10 K 的温度下,其 PL 谱图中只有一强带边绿光发射和一微弱红光发射。绿光积分强度与红光积分强度比随着掺杂浓度的增大快速增大,与室温 PL 谱结论一致。由变温 PL 谱结果再次证明样品 In-0.10 的薄膜质量和光学性能最佳。

5.4.2　掺杂 In 元素 CdS/Si-NPA 的电学性能

由相关文献可知,In 的掺入可以极大降低 CdS 薄膜的电阻率。由前面的分析可知,CdS 的电阻率对基于 CdS/Si-NPA 的太阳能电池性能有重要影响,所以对 In 掺杂后 CdS 薄膜电阻率的研究是很有必要的。采用四探针法测得的掺杂后各样品电阻率值分别为 7.22×10^3 $\Omega \cdot cm$(In-0.02)、4.95×10^3 $\Omega \cdot cm$(In-0.04)、2.04×10^3 $\Omega \cdot cm$(In-0.06)、1.67×10^3 $\Omega \cdot cm$(In-0.08)和 6.53×10^2 $\Omega \cdot cm$(In-0.10),为了对比,同时测试了未掺杂样品的电阻率值为 9.97×10^3 $\Omega \cdot cm$。很明显,In 的掺入使得 CdS 薄膜的电阻率显著降低,此变化趋势与 S. Butt 的报道一致[10]。样品电阻率的减小主要是由于 In 原子作为施主原子占据了 Cd 位,同时提供 1 个电子,可在晶格中自由移动[44],使得载流子浓度增大,电导率增大,电阻率减小。

为了研究 In 掺杂对 CdS/Si-NPA 样品 J-U 性能的影响。采用与 B 掺杂样品相同的方法制备了底电极 Al 和顶电极 ITO。然后采用相同仪器及测试条件对 In 掺杂器件进行 J-U 测试。同样规定当 Al 电极接电源正极、ITO 电极接电源负极时所加电压为正偏。

图 5-8 为不同掺杂浓度样品 CdS/Si-NPA 的 J-U 关系曲线。很明显,所有样品都有明显的整流特性。随着掺杂浓度的增大,各样品的电学参数随之改变。不同掺杂浓度 CdS/Si-NPA 样品的电学参数对比见表 5-3。

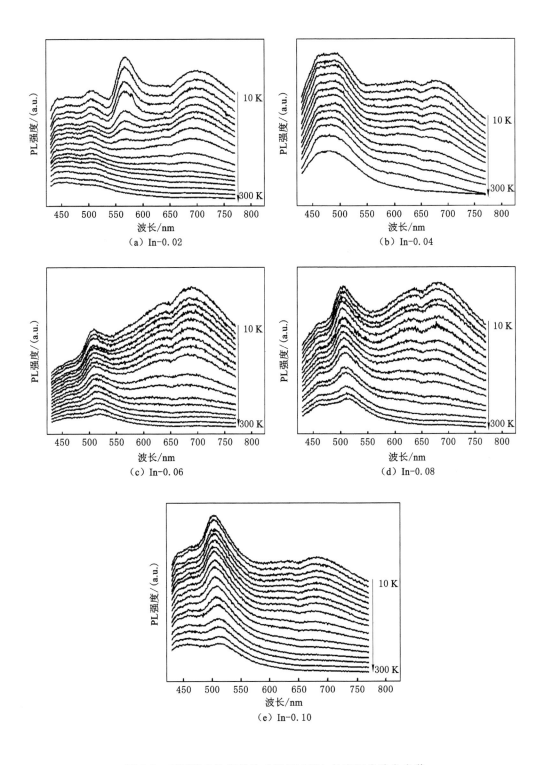

图 5-7　不同掺杂浓度样品 CdS/Si-NPA 的变温光致发光谱

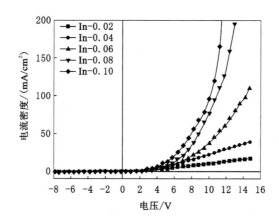

图 5-8 不同掺杂浓度样品 CdS/Si-NPA 样品的电流密度-电压关系曲线。

表 5-3 不同掺杂浓度样品 CdS/Si-NPA 的整流参数

样品名称	开启电压 U_{on}/V	反向截止电压 U_R/V	反向饱和电流密度 J_R/(mA/cm²)	理想因子 n
In-0.02	3.0	6.5	0.22	20.5
In-0.04	2.9	6.8	0.51	14.4
In-0.06	2.8	7.1	0.77	
In-0.08	2.6	7.7	1.05	10.5
In-0.10	2.6	8.0	2.24	8.68

由表 5-3 可以看出,In 掺杂后 CdS/Si-NPA 异质结器件的 J-U 关系具有以下特征:

(1) 与未掺杂样品 U_{on}(3.0 V)相比,掺杂 In 对器件的 U_{on} 的影响不大,仅略微下降。

(2) 与未掺杂样品 U_R(3.2 V)相比,掺杂后器件的 U_R 显著增大,均高于 6.5 V。并且,掺杂后复合体系的饱和漏电流密度都很小。表明掺杂 In 有利于提高 CdS/Si-NPA 的稳定性和发光效率。

(3) n 值反映了界面缺陷态浓度的高低。随着 In 掺杂量的增加,复合体系的 n 值不断减小,在掺杂量 n(ln):n(Cd)=0.10 时达到最小值,说明样品 In-0.10 的薄膜均匀性最好,界面态浓度最低。

综上所述,掺入 In 后显著降低了 CdS 薄膜的电阻率,明显改善了 CdS/Si-NPA 复合体系的整流特性。尤其是样品 In-0.10,具有最低的电阻率和最佳的整流参数,如最小的开启电压、相对小的漏电流密度、最大的反向击穿电压和最小的理想因子。

5.5 掺杂 In 元素 CdS/Si-NPA 的电致发光性能

CdS/Si-NPA 纳米复合体系具有明显的整流特性,有望制备高性能的发光二极管器件[45]。但是目前制备出来的器件性能较差,其原因是 CdS 纳米薄膜的电学性能较差。通过前面的研究可知,Al 的掺入极大改善了 CdS 薄膜的电学性能,如极大降低了其电阻率,明显改善了 CdS/Si-NPA 复合体系的整流特性等[46]。所以 In 的掺入将会极大地影响 CdS/Si-NPA 异质结器件的电致发光性能。因此,我们测试了不同掺杂浓度样品 CdS/Si-NPA 在不同正向偏压下的电致发光性能,如图 5-9 所示。由图可知,In 的掺入对 CdS/Si-NPA 异质结构阵列的电致发光性能有较大影响。相对于未掺杂样品,In 的掺入明显降低了掺杂样品的开始工作电压,所有样品的开始工作电压均为 5 V。掺杂器件在相同正向偏置电压下的发光谱强度随 In 掺杂量的增加不断增强,并且发光颜色随之改变。通过对所有样品最高电压下发射谱的色坐标计算得到样品 In-0.02、In-0.04、In-0.06、In-0.08 和 In-0.10 的色坐标值分别为(0.27,0.33)、(0.28,0.33)、(0.29,0.33)、(0.29,0.34)和(0.31,0.34)。可见,所有样品的色坐标都位于白光区域。随 In 掺杂量的增加,色坐标轴 x 值不断增大,即光谱的色温随 In 掺杂量的增加沿着 Planckian 曲线逐渐减小,由低掺杂量的冷光逐渐变暖。由此可见,掺入 In 不但可以增加复合体系的 EL 强度,而且可以通过控制掺杂浓度实现对其色坐标和色温的调控以满足对白光的不同需求。

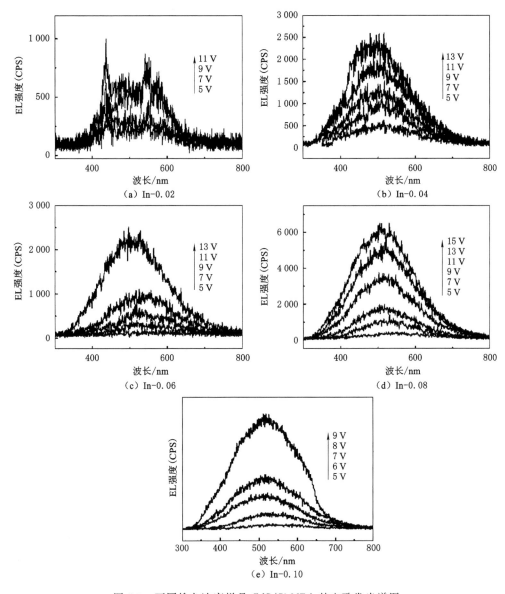

图 5-9　不同掺杂浓度样品 CdS/Si-NPA 的电致发光谱图

5.6 掺杂 In 元素 CdS/Si-NPA 的光伏性能

通过前面的分析可知,Al 的掺入降低了 CdS 薄膜的缺陷浓度,极大减小了 CdS 薄膜的电阻率,明显改善了 CdS/Si-NPA 异质结的电学特性。所以 In 的掺入有望明显改善 CdS/Si-NPA 新型太阳能电池的光伏性能,因此测试了不同掺杂浓度样品 CdS/Si-NPA 的光伏性能,其光伏参数列于表 5-4 中。由表 5-4 可知,相对于未掺杂样品,在低掺杂量时,样品的光伏性能变化不明显,转换效率仅稍微提升,如样品 In-0.02、样品 In-0.04 和样品 In-0.06,可能是由于其整流特性等电学性能较差。高掺杂量时,样品的光伏性能明显改善。R_s 从未掺杂时的 93.8 kΩ 降低至 3.36 kΩ 和 1.62 kΩ。J_{sc} 从未掺杂时的 3.16 μA/cm^2 提升至 63.4 μA/cm^2 和 19.3 μA/cm^2。FF 变化不大。因此,能量转换效率从未掺杂时的 2.64$\times$10^{-6} 提高到 5.13$\times$10^{-5} 和 1.43$\times$10^{-4}。由此可见,高掺杂量时 In 的掺入能有效减小了器件的串联电阻,使得器件的短路电流密度明显增大,从而有效地提高了器件的转换效率。也就是说,适量的掺杂 In 将显著提升 CdS/Si-NPA 新型太阳能电池的光伏性能。

表 5-4　不同掺杂浓度样品 CdS/Si-NPA 的光伏参数

样品名称	R_s/kΩ	U_{oc}/mV	J_{sc}/(μA/cm^2)	FF	η
In-0.02	9.45	75.1	7.45	24.8/%	2.8$\times$10^{-6}
In-0.04	5.04	54.9	10.3	24.4/%	2.8$\times$10^{-6}
In-0.06	5.46	160	2.25	29.3/%	1.3$\times$10^{-6}
In-0.08	3.68	200	63.4	20.1/%	5.12$\times$10^{-5}
In-0.10	1.62	32.3	19.3	22.9/%	1.43$\times$10^{-4}

5.7 本章小结

本章首先介绍了 SILAR 法制备薄膜的原理,得到了采用此方法制备 CdS 薄膜的最佳条件,然后采用此方法制备了掺杂 In 的 CdS/Si-NPA,接着研究了掺杂 In 对 CdS/Si-NPA 形貌、结构、物理性能以及基于此体系制备的光电器件性能的影响,具体结论如下:

(1)介绍了 SILAR 法的基本原理,并采用此方法制备了 CdS 薄膜。通过调控实验参数,制备均匀性、附着性和致密性良好的 CdS 薄膜,并得到最佳制备条件:50 mL 0.1 mol/L 的醋酸镉溶液(Cd 离子前驱溶液),50 mL 0.1 mol/L 的 $(NH_4)_2S$ 溶液(S 离子前驱溶液),速度为 30 次/s 的磁力搅拌,浸渍时间 1 min,冲洗时间 1 min,循环次数 25 次,并根据此条件制备了掺杂 In 的 CdS/Si-NPA。

(2)测试分析了掺杂 In 对 CdS/Si-NPA 表面形貌和晶体结构的影响。由 FE-SEM 结果发现 In 的掺入明显改善了 CdS 薄膜的质量,例如降低了薄膜的粗糙度,提升了薄膜的均匀性和致密性。由 XRD 结果发现 In 的掺入没有破坏薄膜的晶体结构,而是提升了薄膜的结晶质量。同时,从两者总的结果来看,样品 In-0.10 的 CdS 薄膜质量最佳,均匀性和致密性最好,粗糙度最低,结晶质量最高。

（3）测试分析了掺杂 In 对 CdS/Si-NPA 物理性能的影响。

在 370 nm 的紫外光照射下,掺杂样品的室温 PL 谱都有 2 个发射峰,分别为 436 nm 的蓝光和 520 nm 的绿光,并且绿光与蓝光强度比随 In 掺杂量的增加不断增大。通过对掺杂样品的变温光致发光谱研究,得到蓝光来自 nc-Si 中与氧关联的缺陷态,绿光来自 CdS 的带边发射。同时得到样品 In-0.10 在低温下的 PL 谱只有一强带边绿光发射和一微弱红光发射,表明其薄膜质量和光学性能最好。

测试其电学性能发现,由于掺入 In 后易发生晶格替代,占据 Cd 位,所以掺入 In 后使 CdS 薄膜的电阻率显著降低,明显改善了 CdS/Si-NPA 异质结器件的整流特性,如明显提高了样品的 U_R 值(所有样品的 U_R 都高于 6.5 V),减小了样品的 n 值和饱和漏电流密度,尤其是样品 In-0.10,具有最低的电阻率和最佳的整流参数,如相对小的开启电压、相对小的饱和漏电流密度、最大的击穿电压和最小的理想因子。

（4）通过测试掺杂 In CdS/Si-NPA 的电致发光特性,发现掺入 In 后不但可以增加其 EL 强度,而且可以通过控制掺杂浓度实现对其色坐标和色温的调控以满足对白光的不同需求。

（5）通过测试掺杂不同浓度样品的光伏特性,发现 In 的掺入有效减小了器件的串联电阻,使得器件的短路电流密度明显增大,从而有效地提高了器件的转换效率。

虽然样品的能量转化效率依然比较低,但是经过上面的分析,我们认为通过优化 CdS 薄膜和电极的制备条件,可以进一步提高其转换效率。此外,本实验还提供了一种制备高性能 CdS/Si-NPA 复合体系的方法,为制备高效 CdS/Si-NPA 光电器件提供思路。

参 考 文 献

[1] PARTAIN L D,SULLIVAN G J,BIRCHENALL C E. Effects of indium on the electrical properties of n-type CdS[J]. Journal of applied physics,1979,50(1):551-554.

[2] ZHOU W C,TANG D S,ZOU B S. Tuning emission property of CdS nanowires via indium doping[J]. Journal of alloys and compounds,2013,551:150-154.

[3] IKHMAYIES S J,JUWHARI H K,AHMAD-BITAR R N. Nanocrystalline CdS:In thin films prepared by the spray-pyrolysis technique[J]. Journal of luminescence, 2013,141:27-32.

[4] IKHMAYIES S J,AHMAD-BITAR R N. Temperature dependence of the photoluminescence spectra of CdS:In thin films prepared by the spray pyrolysis technique[J]. Journal of luminescence,2013,142:40-47.

[5] HE Z B,JIE J S,ZHANG W J,et al. Tuning electrical and photoelectrical properties of CdSe nanowires via indium doping[J]. Small,2009,5(3):345-350.

[6] SINGH V K,CHAUHAN P,MISHRA S K,et al. Effect of indium doping and annealing on photoconducting property of wurtzite type CdS[J]. Electronic materials letters,2012,8(3):295-299.

[7] COLUZZA C,GAROZZO M,MALETTA G,et al. N-CdS/p-Si heterojunction solar cells[J]. Applied physics letters,1980,37(6):569-572.

[8] CRUZ J S,PÉREZ R C,DELGADO G T,et al. CdS thin films doped with metal-organic

salts using chemical bath deposition[J]. Thin solid films,2010,518(7):1791-1795.

[9] IKHMAYIES S J,AHMAD-BITAR RN. The use of I - V characteristics for the investigation of selected contacts for spray-deposited CdS:In thin films[J]. Vacuum, 2011,86(3):324-329.

[10] BUTT S,SHAH N A,NAZIRA,et al. Influence of film thickness and In-doping on physical properties of CdS thin films[J]. Journal of alloys and compounds,2014,587: 582-587.

[11] RAVICHANDRAN K,SENTHAMILSELVIV. Effect of indium doping level on certain physical properties of CdS films deposited using an improved SILAR technique [J]. Applied surface science,2013,270:439-444.

[12] KHALLAF H,CHAI G Y,LUPANO,et al. Investigation of aluminium and indium in situ doping of chemical bath deposited CdS thin films[J]. Journal of physics D: applied physics,2008,41(18):2824-2833.

[13] SANKAPAL B R,MANE R S,LOKHANDE CD. Deposition of CdS thin films by the successive ionic layer adsorption and reaction (SILAR) method [J]. Materials research bulletin,2000,35(2):177-184.

[14] SANKAPAL B R,MANE R S,LOKHANDE CD. Preparation and characterization of Sb_2S_3 thin films using a successive ionic layer adsorption and reaction (SILAR) method[J]. Journal of materials science letters,1999,18(18):1453-1455.

[15] PATHAN H M,LOKHANDE CD. Deposition of metal chalcogenide thin films by successive ionic layer adsorption and reaction (SILAR) method[J]. Bulletin of materials science,2004,27(2):85-111.

[16] KANNIAINEN T,LINDROOS S,IHANUSJ,et al. Growth of strongly orientated lead sulfide thin films by successive ionic layer adsorption and reaction (SILAR) technique[J]. Journal of materials chemistry,1996,6(2):161-164.

[17] UBALE A U,DARYAPURKAR A S,MANKAR RB,et al. Electrical and optical properties of Bi_2S_3 thin films deposited by successive ionic layer adsorption and reaction (SILAR) method[J]. Materials chemistry and physics,2008,110(1):180-185.

[18] KANNIAINEN T,LINDROOS S,PROHASKAT,et al. Growth of zinc sulfide thin films with the successive ionic layer adsorption and reaction method as studied by atomic force microscopy[J]. Journal of materials chemistry,1995,5(7):985-989.

[19] RABINOVICH E,HODESG. Effective bandgap lowering of CdS deposited by successive ionic layer adsorption and reaction[J]. The journal of physical chemistry C,2013, 117(4):1611-1620.

[20] KOZYTSKIY A V,STROYUK O L,KUCHMIY SY,et al. Photoelectrochemical and Raman characterization of nanocrystalline CdS grown on ZnO by successive ionic layer adsorption and reaction method[J]. Thin solid films,2014,562(1):56-62.

[21] LOKHANDE C D,SANKAPAL B R,PATHAN HM,et al. Some structural studies on successive ionic layer adsorption and reaction (SILAR)-deposited CdS thin films

[J]. Applied surface science,2001,181(3-4):277-282.

[22] NICOLAU YF. Solution deposition of thin solid compound films by a successive ion-ic-layer adsorption and reaction process[J]. Applications of surface science,1985,22-23:1061-1074.

[23] REISS P, PROTIÈRE M, LIL. Core/shell semiconductor nanocrystals[J]. Small, 2009,5(2):154-168.

[24] VALKONEN M P,LINDROOS S,RESCHR,et al. Growth of zinc sulfide thin films on (100)Si with the successive ionic layer adsorption and reaction method studied by atomic force microscopy[J]. Applied surface science,1998,136(1-2):131-136.

[25] ARDALAN P,BRENNAN T P,LEE H-B-R,et al. Effects of self-assembled mono-layers on solid-stateCdS quantum dot sensitized solar cells[J]. Acs nano,2011,5(2): 1495-1504.

[26] CHOI H,NICOLAESCU R,PAEKS,et al. Supersensitization of CdS quantum dots with a near-infrared organic dye:toward the design of panchromatic hybrid-sensitized solar cells[J]. ACS nano,2011,5(11):9238-9245.

[27] LI T L,LEE Y L,TENGH. High-performance quantum dot-sensitized solar cells based on sensitization with CuInS$_2$ quantum dots/CdS heterostructure[J]. Energy en-vironmental science,2012,5(1):5315-5324.

[28] MANIKANDAN K,MANI P,INBARAJ P,et al. Effect of molar concentration on structural,morphological and optical properties ofCdS thin films obtained by SILAR method[J]. Indian journal of pure & applied physics,2014,52(5):354-359.

[29] VALKONEN M P,KANNIAINEN T,LINDROOSS,et al. Growth of ZnS,CdS and multilayer ZnS/CdS thin films by SILAR technique[J]. Applied surface science, 1997,115(4):386-392.

[30] LAUKAITIS G,LINDROOS S, TAMULEVIĬUS S,et al. Stress and morphological development of CdS and ZnS thin films during the SILAR growth on (1 0 0)GaAs [J]. Applied surface science,2001,185(1-2):134-139.

[31] LAUKAITIS G, LINDROOS S, TAMULEVIĬUS S, et al. SILAR deposition of CdxZn1-xS thin films[J]. Applied surface science,2000,161(3-4):396-405.

[32] SENTHAMILSELVI V,SARAVANAKUMAR K,JABENA BEGUMN,et al. Photo-voltaic properties of nanocrystalline CdS films deposited by SILAR and CBD tech-niques:a comparative study[J]. Journal of materials science:materials in electronics, 2012,23(1):302-308.

[33] CHANDRA P P,MUKHERJEE A,MITRA P. Synthesis of nanocrystalline CdS by SILAR and their characterization[J]. Journal of Materials,2014(7):1-6.

[34] LUPAN O,SHISHIYANU S,URSAKI V,et al. Synthesis of nanostructured Al-doped zinc oxide films on Si for solar cells applications[J]. Solar energy materials and solar cells,2009,93(8):1417-1422.

[35] PARK S,ZHEN Z,PARK D H. Preparation of Eu-doped LaPO₄ films using succes-sive-ionic-layer-adsorption-and-reaction〔J〕. Materials letters, 2010, 64（16）: 1861-1864.

[36] MONDAL S,KANTA K P,MITRA P. Preparation of Al-doped ZnO（AZO）thin film by SILAR[J].Journal of physical sciences,2008,12:221-229.

[37] LINDROOS S, KANNIAINEN T, LESKELÄ M, et al. Deposition of manganese-doped zinc sulfide thin films by the successive ionic layer adsorption and reaction (SILAR) method[J]. Thin solid films,1995,263(1):79-84.

[38] XU H J,LI X J. Silicon nanoporous pillar array:a silicon hierarchical structure with high light absorption and triple-band photoluminescence[J]. Optics express,2008,16 (5):2933-2941.

[39] KHALLAF H,CHAI G Y,LUPAN O,et al. In-situ boron doping of chemical-bath deposited CdS thin films[J]. Physica Status Solidi (a),2009,206(2):256-262.

[40] LIU B,XU G Q,GAN L M,et al. Photoluminescence and structural characteristics of CdS nanoclusters synthesized by hydrothermal microemulsion[J]. Journal of applied physics,2001,89(2):1059-1063.

[41] 李勇. 硫化镉/硅多界面纳米异质结光电特性研究[D]. 郑州:郑州大学,2014.

[42] LÓPEZ R,GÓMEZ R. Band-gap energy estimation from diffuse reflectance measure-ments on Sol-gel and commercial TiO₂:a comparative study[J].Journal of Sol-Gel science and technology,2012,61(1):1-7.

[43] KLAAS J,SCHULZ-EKLOFF G,JAEGER N I. UV-visible diffuse reflectance spec-troscopy of zeolite-hosted mononuclear titanium oxide species[J]. The journal of physical chemistry B,1997,101(8):1305-1311.

[44] TSAY C Y,HSU W T. Sol-gel derived undoped and boron-doped ZnO semiconductor thin films:Preparation and characterization[J]. Ceramics international,2013,39(7): 7425-7432.

[45] 许海军. 硅纳米孔柱阵列及其硫化镉纳米复合体系的光学特性研究[D]. 郑州:郑州大学,2005.

[46] RUBEL A H,PODDER J. Structural and electrical transport properties of CdS and Al-doped CdS thin films deposited by spray pyrolysis〔J〕. Journal of Scientific Research,2012,4(1):11-19.

第 6 章　ZnO/Si-NPA 光电探测器的制备与探测性能研究

6.1　前言

　　ZnO 是一种具有宽禁带宽度(3.37 eV)和高激子结合能(60 MeV)的半导体,具有极好的热稳定性,并且由于其在电子、光学和光子学中所具有的独特的性能而受到广泛关注。不仅如此,ZnO 还具有半导体的光电性能、压电效应、高的热稳定性、气敏特性、生物安全性和生物兼容性等,使得氧化锌在生物医学、军事、无线通信和传感方面都具有重要的应用价值。

　　自 1997 年日本和香港的科学家首次采用分子束外延的方法在蓝宝石基片上得到一种类似于蜂窝状结构的 ZnO 薄膜,并实现了 ZnO 光泵浦条件下的室温紫外受激发光以来,国际上掀起了 ZnO 研究热潮[1-5]。此成果引起了科学家们的关注,*Science* 上为此发表了专门评论,对其给予了高度评价[6]。由于其具有物理、化学性能优异,稳定性好,制备简单,价格便宜,形貌容易控制等诸多优点,在材料科学研究中引起了全世界学者的关注,ZnO 纳米材料的研究已经成为光电领域国际前沿课题中的热点[7]。

　　目前已开发出合成不同形貌 ZnO 颗粒的方法,如水热法、热蒸发法、金属有机化学气相沉积法、脉冲激光沉积法和原子层沉积法。水热法是一种简单而温和的反应方法,相比较其他方式具有低温、廉价、易于大规模制备、反应可控性好、与传统半导体工艺兼容性好等优点,有望成为氧化锌纳米线的主要合成方法之一。

6.2　ZnO 的基本性质

　　氧化锌(ZnO),又称锌白、锌氧粉,相对分子质量为 81.38,熔点为 1 975 ℃,密度为 5.606 g/cm^3,外观为白色粉末。受热变为黄色,冷却后又重新变为白色,加热至 1 800 ℃时升华。遮盖力是二氧化钛和硫化锌的一半。着色力是碱式碳酸铅的 2 倍。一般溶于酸、浓氢氧化碱、氨水和铵盐溶液,不溶于水、乙醇。无毒无污染,具有一定的杀菌作用。

　　氧化锌在常温常压下一般以纤锌矿晶体结构存在,属于六方晶系,晶格常数 $a=b=0.324\,9$ nm,$c=0.520\,5$ nm,其晶格结构如图 6-1 所示。

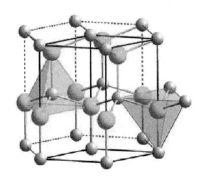

图 6-1　纤锌矿 ZnO 晶体结构示意图

6.3　ZnO 的合成方法

6.3.1　气相法

根据材料的生长过程中是否有其他金属颗粒的参与,气相法可以分为 VLS 和 VS 两大类。其中 VLS 方法是有金属催化剂参与,由气态变为液态再变为固态的方法。而 VS 方法是没有金属催化剂,直接由气态变为固态的方法。

（1）VLS 方法

VLS 生长机制如图 6-2 所示,在高温条件下,催化剂融化,形成小液滴,并与生长材料的前驱体形成液态的合金材料。随着合金中前驱体成分的不断增加,前驱体将会从液态金属中析出并作为后续生长的晶核。随着所制备的前驱体不断析出,最终形成具有一维结构的材料[8]。

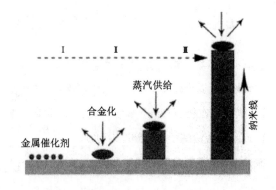

图 6-2　VLS 生长机制

VLS 生长机制的优点:材料为单晶且结晶性良好,材料制备可控性高,可以通过金属颗粒的尺寸和位置控制纳米线的尺寸和生长位置[9];可以通过控制时间控制其长度。

VLS 生长机制的局限性:需要高温环境和设备,价格昂贵,同时容易引入金属杂质。

（2）VS 方法

无金属气相法常被应用到半导体纳米线的生长中,但是由于不同的晶体材料晶面存在差异,所以该方法对于不同材料的生长机制也不同。利用 VS 生长机制制备氧化锌一维纳米材料的常见方法有 MOCVD、CVD 和热蒸发等[10]。

VS 生长机制的优点:可以生长单晶一维纳米线,结晶良好;杂质和缺陷较少;可以生长出形貌丰富的一维结构。

VS 生长机制的局限性:制备温度较高;相较于 VLS 而言,其对纳米线合成的控制性弱(如纳米线的直径,生长位置的控制)。

6.3.2 液相法

液相法包括常用的有水热沉积法和电化学沉积法。由于水热法具有简易、低温、廉价、易于大规模制备、反应可控性好等优点,所以一般采用水热沉积法制备纳米线。

(1)水热沉积法

水热沉积法是利用晶体材料不同晶面表面能的差异来进行合成材料的。在晶体生长的过程中为了实现能量最小状态,表面能高的晶面有更快的生长速度。通过生长速度的差异,实现晶体的定向生长。对于晶面表面能相差不大的晶体,可以通过加入诱导剂来附着在晶体表面,控制其生长速度。

水热沉积法合成氧化锌,一般是用可溶性的锌盐(硝酸锌、乙酸锌等)和碱(氨水、NaOH等)在合适的温度下进行水热生长。通过改变反应物的种类、浓度、反应时间、反应温度等条件来对氧化锌的形貌进行定向控制,从而得到不同形貌的氧化锌。图 6-3 为利用硝酸锌和HMTA 制备的 ZnO 纳米线阵列的 SEM 图片[11]。

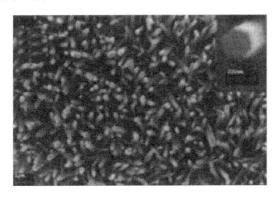

图 6-3 水热沉积法在衬底上制备的垂直 ZnO 纳米线的 SEM 图片

水热沉积法的优点:方法简单,生长温度低,易于量产;可以生长单晶一维纳米线;不需要催化剂,故杂质少;整个反应过程均在溶液中进行,易于控制反应条件,也易于掺杂。

水热沉积法的缺点:由于生长温度低,结晶性较气相法差。

(2)电化学沉积法

利用电化学沉积法合成一维 ZnO 纳米材料大致可分为直接电化学沉积 ZnO 纳米线和电化学沉积锌纳米线然后在高温环境中氧化成 ZnO 两种方式。电化学沉积法由 S. Peulon等发明,他们利用锌盐的水溶液作为电解液合成了 ZnO 纳米纤维状薄膜[12]。在电解沉积过程中以溶液中的锌盐作为锌源,以溶液中溶解的氧气作为氧源,制备 ZnO 平面薄膜和ZnO 纳米线薄膜。

电化学沉积法的优点：设备便宜，无需高温，适合大规模生长；可以生长单晶一维纳米线，杂质少；材料生长的速度比水热沉积法更快。

电化学沉积法的缺点：由于生长温度低，结晶性比气相法差。

6.4　ZnO/Si-NPA 的制备与优化

6.4.1　ZnO/Si-NPA 的制备

ZnO 具有宽禁带宽度（3.37 eV）和高激子结合能（60 MeV），这一特性使其在光电子、电子方面的研究与应用有着独特的优势。所以近年来氧化锌被越来越多的材料科学家所研究。氧化锌的制备方法也多种：气-液-固气相法（VLS）、气-固气相法（VS）、水热沉积法、电化学沉积法、电纺织煅烧法等。水热沉积法具有方法简便、反应温度低、成本低、易大规模制备等优点，而且不需要催化剂，使得制备的产物中杂质少，便于得到纯净的产物。所以本次实验采用水热沉积法来制备氧化锌。

水热沉积法通常是利用可溶性的锌盐（乙酸锌、硝酸锌等）与碱（HMTA、氢氧化钠、氨水等）在水浴恒温下进行反应合成氧化锌。通过改变反应温度和反应时间、是否加入催化剂、反应浓度等来控制氧化锌的生长形貌。以 HTMA 和硝酸锌为原料（碱提供氧、锌盐提供锌）的反应原理如下：

$$(CH_2)_6N_4 + 6H_2O \Longrightarrow 6HCHO + 4NH_3$$

$$NH_3 + H_2O \Longrightarrow NH_4^+ + OH^-$$

$$Zn_2 + 4NH_3 \Longrightarrow [Zn(NH_3)_4]^{2+}$$

$$2OH^- + Zn_2^+ \Longrightarrow Zn(OH)_2$$

$$Zn(OH)_2 \Longrightarrow ZnO + H_2O$$

经典的晶体生长过程一般会经历热力学控制的成核过程和动力学控制的晶体生长过程。对于热力学而言，氧化锌纳米线根据生长初始的成核方式可以分为在溶液中以均匀成核方式成核后形成 ZnO 纳米线以及在其他衬底上通过异质成核形成的 ZnO 纳米线阵列两种[13]。

6.4.1.1　ZnO 晶种层生长

氧化锌的生长原理：在晶体生长的过程中为了实现能量最小状态，表面能高的晶面会有更快的生长速度。生长速度的差异实现晶体的定向生长。为了控制晶体生长，需要在已经处理好的 Si-NPA 表面进行晶种层的生长。常见的沉积晶种层的方法有溅射法和溶胶凝胶法。

本次实验以乙酸锌、乙二醇甲醚、单乙醇胺为原料来制备晶种层，具体步骤如下：

（1）称取二水合醋酸锌约 4.390 2 g，乙醇胺约 1.221 6 g，溶于约 40 mL 的乙二醇甲醚（其中 Zn^{2+} 的浓度为 0.5 mol/L，乙醇胺和锌离子的物质的量比为 1∶1）。

（2）将混合溶液在水浴磁力搅拌锅中保持 60 ℃并搅拌 2 h，得到透明的溶液，保存备用。

（3）将经过腐蚀的 2 cm×2 cm 的硅片放到匀胶机上。将上述溶液滴到硅片上（溶液基本覆盖整个表面)。

（4）调整转速为 3 000 r/min,匀胶时间为 30 s,进行镀膜,重复 3～5 次。

（5）用镊子取下已经镀过膜的硅片,放入电热鼓风干燥箱,150 ℃保持 15 min,进行干燥。

（6）将干燥后的硅片放入管式炉,退火,之后装袋保存。

6.4.1.2　水热生长 ZnO/Si-NPA

在完成对基底 Si-NPA 的种子层生长后,就可以进行 ZnO 的水热生长了。本次实验采用的药品有硝酸锌、六次甲基四胺(HMTA)、去离子水等。其中硝酸锌为水热生长的锌源;六次甲基四胺是水热生长的碱源,其水解程度会随着溶液 pH 值的升高而降低,因此它在反应中还起到了缓冲剂的作用[14]。另外,由于 HMTA 作为一种非极性的螯合剂,会吸附在 ZnO 的非极性面上,将 ZnO 的极性面裸露出来,所以 HMTA 起到结晶取向诱导剂的作用[15]。具体的操作步骤如下:

（1）分别称取约 1.784 94 g 的硝酸锌和 0.841 14 g 的六次甲基四胺,分别溶于 45 mL 的去离子水中。

（2）将硝酸锌溶液和六次甲基四胺溶液分别放入恒温磁力搅拌锅中在室温下搅拌 5 min,之后混合搅拌 10 min,使其混合均匀(配成 0.06 mol/L 的硝酸锌和 HMTA 溶液)。

（3）将镀过晶种层的 2X2 硅片放入配置好的硝酸锌和 HMTA 溶液中(未镀晶种层的一面朝上),放入 DF-101S 集热式恒温磁力加热搅拌锅,90 ℃水热生长 6 h(最好用塑料薄膜封住以保持相对的恒压环境)。

（4）将烧杯取出,稍微冷却后将硅片取出,用去离子水轻微冲洗,风干,装袋保存。

生长氧化锌后的硅片金相显微镜图如图 6-4 所示。

图 6-4　生长氧化锌后的硅片金相显微镜图

上述步骤可制备棒状氧化锌纳米棒,除此之外,还可以用其他锌盐与碱来合成不同形貌的氧化锌。

（1）花状氧化锌纳米棒的制备步骤如下:

① 将 5 mmol 的乙酸锌溶于 30 mL 的去离子水中,放入恒温磁力搅拌器中,搅拌 10 min 左右;

② 将 2 mL 的水合肼($H_2NNH_2 \cdot H_2O$)滴加到乙酸锌溶液中,搅拌均匀;

③ 将已经搅拌均匀的溶液填充到 50 mL 的水热釜中,放入镀过晶种层的硅片(未镀晶种层的一面朝上),150 ℃加热保持 3 h;

④ 冷却至室温后取出,冲洗,风干保存。

(2) 球状氧化锌纳米棒的制备步骤如下:

① 分别称取 4 mmol 的氯化锌和 20 mmol 的氢氧化钠粉末,将它们溶于 60 mL 的去离子水中,放入恒温磁力搅拌器中搅拌均匀;

② 将混合均匀的溶液填充到水热釜中,放入镀过晶种层的硅片,80 ℃保持 6 h;

③ 冷却至室温取出,冲洗,干燥,退火后保存。

实验证明上述两种方法存在缺陷,需要改进。第一种方法中的水合肼($H_2NNH_2 \cdot H_2O$)存在毒性,因此将水合肼换成 3 mL 氨水。第二种方法中的氢氧化钠属于强碱溶液,强碱环境会使 Si-NPA 的硅柱被腐蚀,从而破坏 Si-NPA 独特的三层中空结构,使得硅片抛光,氧化锌不能水热生长,因此这种方法不予使用。

6.4.2 ZnO/Si-NPA 的表征与优化

硅片经过水热生长后需要检测氧化锌的生长是否符合要求,这就需要用 X 荧光光谱仪来检测。

X 荧光光谱仪主要由激发源(X 射线管)和探测系统构成,其原理:X 射线管通过产生入射 X 射线(一次 X 射线)来激发被测样品。受激发的样品中的每一种元素会放射出二次 X 射线(又叫 X 荧光),并且不同的元素所放射出的二次 X 射线具有特定的能量特性或波长特性。探测系统测量这些放射出来的二次 X 射线的能量、数量或者波长。然后,仪器软件将探测系统所收集到的信息转换成样品中各种元素的种类及含量。元素的原子受到高能辐射激发而引起内层电子的跃迁,同时发射出具有一定特殊性波长的 X 射线,因此,只要测出荧光 X 射线的波长或者能量,就可以知道元素的种类,这就是荧光 X 射线定性分析的基础。此外,荧光 X 射线的强度与相应元素的含量有一定的关系,据此,可以进行元素定量分析。

首先对制备的 ZnO/Si-NPA 进行室温 PL 谱测量,基于谱性能来调控出生长浓度配比。实验中首先将 ZnO/Si-NPA 放入光谱仪自带的固体检测片上,再放入光谱仪进行检测,为了方便得到波峰,选择 325 nm 为氧化锌的激发波长。经过检测,得到图 6-5。

图 6-5 中没有尖锐的波峰,说明这次生长存在较大的缺陷,可能是受反应时间、反应溶度、是否悬涂种子层的影响。图 6-5 采用的溶液是 0.06 mol/L 的硝酸锌和 HMTA 溶液。之后调节生长溶液溶度为 0.1 mol/L 的硝酸锌和 HMTA 溶液来进行 ZnO/Si-NPA 生长,得到的样品 PL 谱如图 6-6 所示。

图 6-6 中有一个小波峰,但是不明显,这表示依然存在缺陷。这次的硅片未经退火,未悬涂种子层,但是 ZnO 的本征发射峰已经出现,证明生长溶液浓度合适。接下来依然用 0.1 mol/L 的硝酸锌和 HMTA 溶液进行水热生长,这次选用的硅片为经过悬涂种子层并退火的硅片,得到的 PL 谱如图 6-7 所示。

可以看出图 6-7 中有一个明显的波峰,虽然之后仍有缺陷,但是几乎可以忽略。由此可以得出生长晶种层对氧化锌的水热生长有着重要的影响,反应浓度对氧化锌的水热生长也有影响。经过对光谱的比较和分析,选择较为合适的方法(0.1 mol/L 的硝酸锌和 HMTA

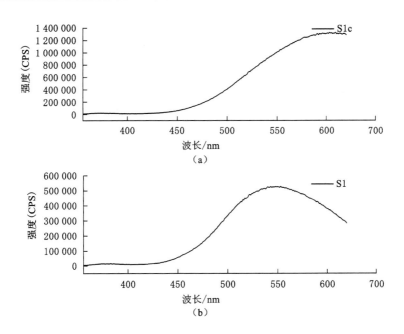

图 6-5　ZnO/Si-NPA 的 PL 谱(0.06 mol/L 的硝酸锌和 HMTA 溶液)

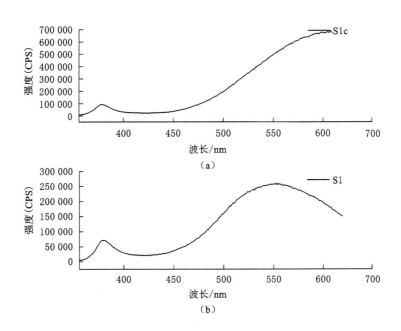

图 6-6　ZnO/Si-NPA 的 PL 谱(0.1 mol/L 的硝酸锌和 HMTA 溶液)

溶液,生长种子层,对硅片进行退火等)进行重复实验,得到的光谱和图 6-7 几乎一样,可以确定这是一种较为合适的氧化锌水热生长方案。

　　之后更换实验原料来进行氧化锌的水热生长(选择了乙酸锌为原料),具体实验方法上文已经提过。乙酸锌和氨水溶液在 150 ℃生长出的氧化锌的光谱如图 6-8 所示。可以看出,同样拥有一个尖锐的波峰,之后的缺陷也可以忽略,可以确定这种生长方案同样可行。

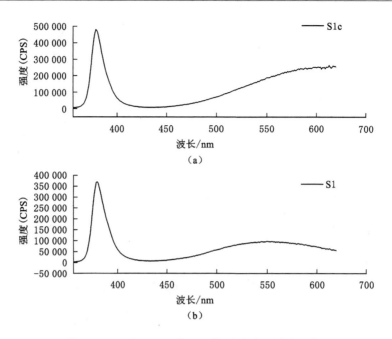

图 6-7　ZnO/Si-NPA 的 PL 谱（悬涂种子层并退火）

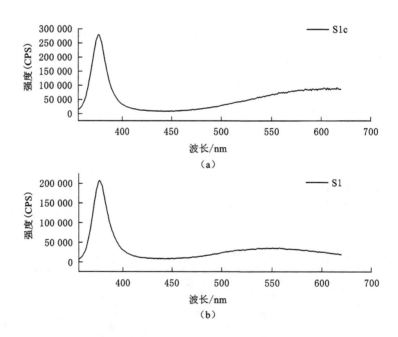

图 6-8　最佳条件制备的 ZnO/Si-NPA 的 PL 谱

经过光谱仪的检测和对实验方案的优化，可以确定水热生长的氧化锌纳米线已经符合要求，可以进行下一步的检测与分析。

本节介绍了利用水热沉积法来进行氧化锌纳米线的生长，并且利用荧光光谱仪来检测水热生长后的氧化锌纳米线是否符合要求。通过对氧化锌纳米线的光谱曲线对照分析，确定了较为可行的水热沉积法生长氧化锌的方案。由于水热沉积法方便、简洁且经过实验方案优化，我们可以快速确定在 Si-NPA 上生长氧化锌纳米线。接下来对生长过后的氧化锌纳米线在不同光照下进行 I-U 曲线的检测,探讨光照对氧化锌的影响,了解氧化锌的光电特性,从而进行 ZnO/Si-NPA 光电探测器的制备与研究。

6.5　ZnO/Si-NPA 光电特性的研究与分析

前文用氧化锌在硅基上生长来制备光电探测器,而对于这种光电探测器,我们还需要了解半导体光电探测器的原理,最主要是半导体对光的吸收和半导体的光电导效应[17]。

半导体对光的吸收方式主要有本征吸收、激子吸收、杂质吸收和自由载流子吸收等。对于氧化锌光电探测器,最主要的吸收方式为本征吸收。

本征吸收是指当光入射到半导体表面时,半导体材料的原子外层价电子吸收了足够的光子能量,越过禁带,进入导带,成为可以自由移动的自由电子,并在价带中留下一个自由空穴,产生电子-空穴对的过程。要使得本征吸收这一现象发生,吸收的光子能量必须大于或等于半导体的禁带宽度,因而光子能量最低限度为半导体的禁带宽度 E_g。在电子吸收光子并实现跃迁的过程中,除了必须满足上述的能量要求外,还必须保证电子跃迁过程中的动量守恒[17]。

光电导效应是指光照射到某些物体上,引起这些物体电性能变化的一类光致电改变现象的总称,也称为光敏效应或光电效应。当光照射到半导体材料时,材料吸收光子的能量,使非传导态电子变为传导态电子,引起载流子浓度增大,因而导致材料电导率增大。在光线作用下,半导体材料吸收了入射光子的能量,若光子能量大于或等于半导体材料的禁带宽度,就激发出电子-空穴对,使载流子浓度增大,半导体的导电性增加,阻值减小,这种现象称为光电导效应。在一定光照下,载流子的浓度越大,光电导探测器越灵敏。

对于一维氧化锌纳米材料的光电导探测器件而言,在纳米线材料两端施加电压后,由于材料维度的限制,电子传输受限,沿轴向的电子迁移率相对于体材料会提高。另一方面,由于材料大的比表面积,材料表面的表面态作为深能级缺陷会起到空穴陷阱的作用,从而提高光生电子的寿命。而无论是电子迁移率的提高,还是电子寿命的延长,都会增大光电导器件的光电导增益,使其拥有高灵敏度。而作为金属氧化物,氧化锌表面的氧空位或者锌富集处都能够在空气中成为氧气吸附的活性位点。无光照时,氧气吸附在氧化锌表面时会捕获材料的自由电子,从而在材料表面局部形成耗尽层,产生能带弯曲。而有光照时,产生光生电子空穴对,空穴沿着弯曲的能带迁移到表面,与带负电氧离子中和,使得氧气发生解吸附。这种金属氧化物通过利用氧气吸附与解吸附来实现的空穴束缚过程极大地增加了光生电子的寿命(起到类似空穴陷阱的作用),使得氧化锌纳米线光电导器件具有很大的光电导增益[17]。

第 2 章已经详细阐述了利用水热生长法在已经腐蚀过的硅片上进行氧化锌的生长,成功制备了 ZnO/Si-NPA。接下来利用磁控溅射技术对 ZnO/Si-NPA 进行沉积电极。

磁控溅射的原理是电子在电场的作用下飞向基片,并在过程中与氩原子进行碰撞,使得氩原子电离出正离子和电子,电子飞向基片,而氩离子在电场的作用下加速飞向阴极靶,并以高能量轰击靶表面,使靶材发生溅射。在溅射粒子中,中性的靶原子或分子沉积在基片上形成薄膜,而产生的二次电子会受到电场和磁场作用,产生 E(电场)$\times B$(磁场)所指的方向漂移,简称 $E\times B$ 漂移,其运动轨迹近似于一条摆线。

根据工作原理和应用对象,磁控溅射可以分为很多种类。靶源有平衡式和非平衡式,平衡式靶源镀膜均匀,非平衡式靶源镀膜膜层和基体结合力强。平衡靶源多用于半导体光学膜,非平衡靶源多用于磨损装饰膜。磁控阴极按照磁场位形分布不同,大致可分为平衡态和非平衡态磁控阴极。平衡态磁控阴极内外磁钢的磁通量大致相等,两极磁力线闭合于靶面,很好地将电子/等离子体约束在靶面附近,增加碰撞概率,提高了离化效率,因而在较低的工作气压和电压下就能起辉并维持辉光放电,靶材利用率相对较高,但由于电子沿磁力线运动主要闭合于靶面,基片区域所受离子轰击较小。非平衡磁控溅射技术:使磁控阴极外磁极磁通大于内磁极,两极磁力线在靶面不完全闭合,部分磁力线可沿靶的边缘延伸到基片区域,从而部分电子可以沿着磁力线扩展到基片,增大基片磁控溅射区域的等离子体密度和气体电离率。

选择金离子在氧化锌的表面进行电极的沉积,之后用银胶在电极两端制备导线,制备完成的实物如图 6-9 所示。

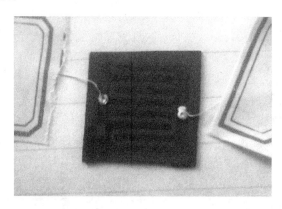

图 6-9　镀完电极的 ZnO/Si-NPA 实物图

镀完电极之后需要利用仪器来检测 ZnO/Si-NPA 的 I-U 曲线,从而讨论氧化锌的光电特性。仪器主要有双路直流稳压电源,吉时利七位半数字万用表、DT-9205A 型万用表以及三用紫外分析仪,如图 6-10 所示。

I-U 特性与反应时间测试系统示意图如图 6-11 所示。

I-U 特性测试原理为:X-Y 记录仪按照图 6-11 连接方式记录的分别是薄膜和串联电阻的电压,串联电阻的电压除以其电阻值就代表了通过该电阻的电流,也就是流过薄膜的电流,所以当 X 轴记录薄膜电压,Y 轴记录串联电阻电压时,可以得到其两端电压 U 和流过的电流 I 的二维坐标图,连接起来就是 I-U 曲线。

吉时利七位半数字万用表可以根据接线方式和功能选择来测量不同的数据。实验中为了提高精准度,选择吉时利七位半数字万用表作为电流表,DT-9250A 型万用表作为测量硅片的电压表,因为使用的是直流电压,所以在接线完成后转动 DCI 旋钮来选择测试电流,并记录数据。三用紫外分析仪主要有三个按钮,分别是 254 nm、365 nm 和可见光,其中可见光一般用来定位样品。在实验室,我们将样品放到三用紫外分析仪上,并罩上遮光罩,排除日常光的影响,在无光照的情况下调节双用直流稳压电源的电压,记录吉时利七位半数字万用表测出的电流示数与 DT-9250A 型万用表测出的电压示数,并对其进行处理,绘出样品的 I-U 关系曲线。之后分别调节电压稳定,观察、记录不同波长紫外光照射下电流的变化,对

（a）双路直流稳压电源

（b）吉时利七位半数字万用表

（c）DT-9205A型万用表

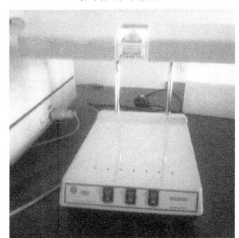
（d）三用紫外分析仪

图 6-10　*I-U* 曲线测试仪器图

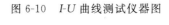
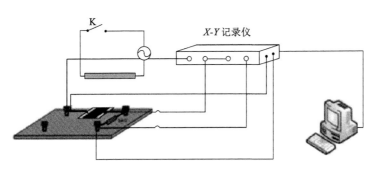

图 6-11　*I-U* 特性与反应时间测试示意图

数据进行处理,绘出紫外光照下电流 I 随时间的变化曲线并进行分析。

无光照时测得的 ZnO/Si-NPA 的 *I-U* 关系曲线如图 6-12 所示。

ZnO/Si-NPA 因为晶种层的厚度、反应浓度等,生长的氧化锌薄膜厚度不同,其电阻值也不相同,但是从图 6-12 可以看出,ZnO/Si-NPA 在无光照情况下的 *I-U* 关系曲线为线性增长,即 ZnO/Si-NPA 在无光照情况下电阻不变。

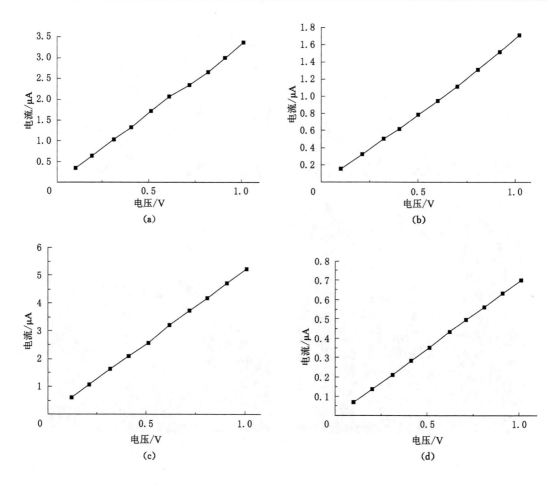

图 6-12　不同晶种层厚度生长的 ZnO/Si-NPA 无光照时的电流-电压关系曲线

之后选择在稳定电压的情况下进行紫外光照射 ZnO/Si-NPA，观察并记录电流 I 随时间的变化，通过 origin 程序进行数据处理，得出的图表如图 6-13 所示。

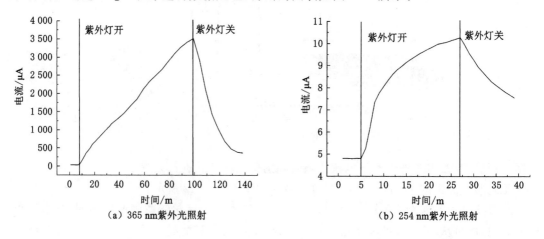

图 6-13　ZnO/Si-NPA 紫外光照射下的电流变化

在紫外光照射实验中,分别采用 10 V 和 5 V 作为稳压电源来产生 365 nm 和 254 nm 的紫外光,通过对数据和图表的分析可知,紫外光照射下,电流随着光照时间逐渐变大,所以紫外光照会使 ZnO/Si-NPA 的电导率增大,ZnO/Si-NPA 会变得更加灵敏。ZnO/Si-NPA 光电探测器具有更高的光电灵敏度,在光电方面拥有良好的发展前景。

6.6　本章小结

本章主要介绍了半导体光电探测器的工作原理和磁控溅射镀电极的工作原理。并通过仪器测出已制备好的 ZnO/Si-NPA 在无光时的 I-U 曲线。通过对多组数据分析,得出 ZnO/Si-NPA 在无光照时的 I-U 曲线线性增长,这表明在无光照情况下,ZnO/Si-NPA 的电阻大致不变。此外,从图表中可以分析得出在紫外光照射下,随着时间的增加,ZnO/Si-NPA 中的电流增大。这说明紫外光照射下 ZnO/Si-NPA 的灵敏度提高了,氧化锌对光的响应度也高,这为氧化锌在紫外光电探测器中的应用提供了有力依据。氧化锌具有的易制备、原料丰富、廉价、禁带宽等优点足以使其成为未来光电方面研究与应用的主要对象。

参 考 文 献

[1] YU P,TANG Z K,WONG G KL,et al. Room-temperature gain spectra and lasing in microcrystalline ZnO thin films[J]. Journal of crystal growth,1998,184-185:601-604.

[2] CAO H,ZHAO Y G,ONG HC,et al. Ultraviolet lasing in resonators formed by scattering in semiconductor polycrystalline films[J]. Applied physics letters,1998,73(25): 3656-3658.

[3] HELLEMANSA. PHYSICS:laser light from a handful of dust[J]. Science,1999,284 (5411):24-25.

[4] ZHENG M J,ZHANG L D,LI GH,et al. Fabrication and optical properties of large-scale uniform zinc oxide nanowire arrays by one-step electrochemical deposition technique[J]. Chemicalphysics letters,2002,363(1-2):123-128.

[5] PRYBYLA J A,RIEGE S P,GRABOWSKI SP,et al. Temperature dependence of electromigration dynamics in Al interconnects by real-time microscopy[J]. Applied physics letters,1998,73(8):1083-1085.

[6] SERVICE RF. Will UV lasers beat the blues? [J]. Science,1997,276(5314):895.

[7] LIU C H,ZAPIEN J A,YAO Y,etal. High-density ordered ultraviolet light-emitting ZnO nanowire arrays[J]. Adv. Mater. ,2003,15:838-841.

[8] WU Y Y,YANG PD. Direct observation of vapor-liquid-solid nanowire growth[J]. Journal of the Americanchemical society,2001,123(13):3165-3166.

[9] WANG X D,SUMMERS C J,WANG ZL. Large-scale hexagonal-patterned growth of aligned ZnO nanorods for nano-optoelectronics and nanosensor arrays[J]. Nano letters,2004,4(3):423-426.

[10] BARTH S,HERNANDEZ-RAMIREZ F,HOLMES JD,et al. Synthesis and applica-

tions of one-dimensional semiconductors[J]. Progress in materials science,2010,55(6):563-627.

[11] VAYSSIERESL. Growth of arrayed nanorods and nanowires of ZnO from aqueous solutions[J]. Advanced materials,2003,15(5):464-466.

[12] PEULON S,LINCOTD. Cathodic electrodeposition from aqueous solution of dense or open-structured zinc oxide films[J]. Advanced materials,1996,8(2):166-170.

[13] 闵乃本.晶体生长的物理基础[M].上海:上海科学技术出版社,1982.

[14] SUGUNAN A,WARAD H C,BOMANM,et al. Zinc oxide nanowires in chemical bath on seeded substrates:Role of hexamine[J]. Journal of sol-gel science and technology,2006,39(1):49-56.

[15] PETERSON R B,FIELDS C L,GREGG BA. Epitaxial Chemical Deposition of ZnO Nanocolumns from NaOH Solutions[J]. American chemical society,2004,20(12):5114-5118.

[16] 赵春雷.氧化锌基紫外探测器的制备与研究[D].吉林:吉林建筑工程学院,2010.

[17] 曹远志.氧化锌纳米线阵列水热法合成及其光电探测和超疏水性能研究[D].武汉:华中科技大学,2016.

7 结论与展望

本书以水热腐蚀法制备的 Si-NPA 为功能性衬底,分别采用 CBD 法和 SILAR 法制备了掺杂ⅢA 族元素的 CdS/Si-NPA,系统研究了掺杂ⅢA 族元素对 CdS/Si-NPA 形貌、结构及其光电性能的影响。通过掺杂适量ⅢA 族元素,大大降低了 CdS 薄膜电阻率,显著改善了 CdS/Si-NPA 的光致发光、整流特性、电致发光和光伏性能,这些都说明 CdS/Si-NPA 在新型硅基纳米光电器件方面具有广阔的应用前景。

本书主要研究内容包括以下几个方面:

(1) CdS/Si-NPA 的制备、表征及光电性能。

在前期工作基础上优化了 CBD 法的生长条件,在 Si-NPA 衬底上制备了 CdS/Si-NPA 多界面异质结。该异质结保持了衬底 Si-NPA 的规则形貌特征。通过对其 FE-SEM 和 HR-TEM 图谱的测试分析,可以将 CdS/Si-NPA 整体结构归纳为:上层是 nc-CdS 及其团聚体所组成的连续薄膜;中间层是 nc-CdS 和 nc-Si 彼此交叠构成的多界面异质结;下层是单晶硅衬底及生长于其上的多孔硅层。

通过测试 CdS/Si-NPA 的室温和变温光致发光谱,发现不同温度下的 PL 谱均由蓝光、绿光、红光和红外光 4 个发射峰组成,峰位分别位于 436 nm、563 nm、688 nm 和 810 nm。其中,蓝光峰来自衬底,峰位和峰强不随温度变化。其他峰都来自 CdS。绿光峰来自 nc-CdS 的近带边发射,红光峰来自表面态电子到镉空位相关能级的跃迁,红外峰来自于表面态电子到硫间隙相关能级的跃迁。随着测试温度的升高,红光峰不断"红移",红外峰几乎不变,而绿光峰出现"Λ"形变化,先"蓝移"(10~100 K),后"红移"(100~300 K)。与此同时,三峰强度逐渐减小,红光峰的强度在温度高于 200 K 之后几乎为 0。相关机制的研究表明,绿光峰位的反常移动应归因于束缚激子的去局域化行为。各发射峰峰强随温度的演变表明 PL 的淬灭源于与温度相关的非辐射复合过程。对于绿光峰,热激活能分别为 11.3 meV 和 29.5 meV,低温下非辐射复合过程主要归因于束缚激子的去局域化过程,而高温下主要归因于 LO 声子被缺陷态散射所产生的热逃逸。红光和红外光在高温下的非辐射复合过程与绿光类似,而低温下的非辐射复合过程主要归因于受主能级附近的局域态到受主能级的跃迁。

(2) 掺杂 B 元素对 CdS/Si-NPA 形貌、结构以及光电性能的影响。

以 Si-NPA 为衬底、硼酸为掺杂源,采用 CBD 法制备了掺杂 B 的 CdS/Si-NPA。首先,B 元素的掺入没有破坏 CdS/Si-NPA 的整体形貌,规则的阵列结构依旧保持。另外,B 元素的掺入也没有影响 CdS/Si-NPA 多界面纳米异质结的形成。随着掺杂浓度的增大,薄膜厚度和 CdS 纳米颗粒尺寸均先增大后减小,薄膜的均匀性也随之改变。由于随着掺杂浓度的增大,B 的掺入模式由晶格替代变为间隙填隙,所以晶格常数 a、c 先减小后增大。

通过对掺杂 B CdS/Si-NPA 的光学性能研究,得到在 450 nm 光照射下,掺杂样品的室温 PL 谱都有 4 个发射峰,分别为 510 nm 和 540 nm 的绿光发射峰、733 nm 的红光发射峰以及 802 nm 的红外光发射峰。510 nm 绿光峰来自 nc-CdS 的近带边发射,540 nm 的绿光峰来自 Cd 间隙相关能级上电子到价带的跃迁,733 nm 的红光峰来自表面态电子到镉空位相关能级的跃迁,802 nm 的红外光峰来自表面态电子到硫间隙相关能级的跃迁。随着掺杂量增加,由于掺入 B 的方式改变,绿光带先增强后微减弱,红光带和红外光带先减弱后增强。其中样品 B-0.01 的绿光最强,红光和红外光几乎消失。考虑到太阳光谱的特征,绿光为其最强烈区域,所以掺入 B 元素后有利于制备高效太阳能电池。另外,样品在高温区域的热淬灭过程主要是声子辅助热逃逸过程。B 的掺入仅改变参与辅助的声子的量,并不改变其热淬灭机制。由于掺入 B 方式随掺杂浓度增大由晶格替代变为进入间隙,所以样品的带隙 E_g 先减小后增大。通过对掺杂 B 后 CdS/Si-NPA 电学性能研究,发现低浓度掺杂时,掺入 B 后易发生晶格替代,占据 Cd 位,所以 CdS 薄膜的电阻率显著降低,基于 CdS/Si-NPA 复合体系,异质结器件的整流特性明显改善。但是高浓度掺杂时,由于 B 掺入后主要进入间隙,引入中性缺陷,增加散射,所以对样品的电学性能改善不大。

通过对掺杂 B 后 CdS/Si-NPA 电致发光特性的研究,发现掺入 B 后不仅增加了 EL 谱强度,而且可以通过控制掺杂浓度实现对其发光颜色的调控,可由单一的绿光发射调节为绿光-红光或红光-红外光双光发射。分析得到最佳的掺杂浓度为 $n(B):n(Cd)=0.01$,其拥有最低的薄膜电阻率、最大的击穿电压和最小的理想因子。通过对掺杂 B 后 CdS/Si-NPA 光伏特性研究,发现 B 的掺入有效减小了器件的串联电阻,使得器件的短路电流密度和转换效率显著增大。其中,样品 B-0.01 的光伏性能最好,串联电阻仅为未掺杂样品的 3%,短路电流密度是未掺杂样品的 20 倍,转换效率是未掺杂样品的 300 倍。这一结果表明,掺杂 B 是提高 CdS/Si-NPA 异质结光电性能的有效途径,最佳掺杂量 $n(B):n(Cd)$ 为 0.01。

(3) 掺杂 Al 元素对 CdS/Si-NPA 形貌、结构以及光电性能的影响。

以 Si-NPA 为衬底、氯化铝为掺杂源,同样采用 CBD 法制备了掺杂 Al CdS/Si-NPA。Al 元素的掺入没有破坏 CdS/Si-NPA 复合体系的整体形貌,也没有影响 CdS/Si-NPA 多界面纳米异质结构的形成。随着掺杂浓度的增大,薄膜的均匀性和致密性先变好后变差。其中,样品 Al-0.07 的薄膜均匀性和致密性最好。

通过对掺杂 Al 后 CdS/Si-NPA 光学性能的研究,得到 370 nm 紫外光照射下掺杂样品的室温 PL 谱都有 3 个发射峰,分别为 440 nm 的蓝光发射峰、550 nm 的绿光发射峰和 800 nm 的红外光发射峰。由于掺入 Al 后易占据了 Cd 空位,所以随着掺杂浓度的增大,绿光发射峰与蓝光发射峰不断增强,红外发射峰不断减弱直至消失[$n(Al):n(Cd)>0.07$]。另外,样品在高温区域的热淬灭过程主要是声子辅助热逃逸过程。Al 的掺入仅改变参与辅助的声子的量,并不改变其热淬灭机制。通过对掺杂 Al 后 CdS/Si-NPA 电学性能的研究,发现低浓度掺杂时易发生晶格替代,占据 Cd 位,提供电子,使得 CdS 薄膜的电阻率显著降低,CdS/Si-NPA 异质结器件的整流特性明显改善。但是高浓度掺杂时,由于掺入 Al 后主要进入间隙,引入中性缺陷,所以对样品的电学性能改善不大。经分析,最佳的掺杂浓度为 $n(Al):n(Cd)=0.07$,其拥有最低的薄膜电阻率、最大的击穿电压和最小的理想因子。

通过对掺杂 Al 后 CdS/Si-NPA 电致发光特性的研究,发现掺入 Al 降低了 CdS/Si-NPA 的开始工作电压,增加了 EL 谱强度,拓宽了 EL 谱的发光颜色,可由单一的绿光发射变为绿光-红光双光发射。通过对掺杂 Al CdS/Si-NPA 光伏特性的研究,发现 Al 的掺入有效减小了器件的串联电阻,增大了器件的短路电流密度,从而提高了器件的转换效率。其中样品 Al-0.07 的光伏性能最好，串联电阻仅为未掺杂样品的 0.3%，短路电流密度是未掺杂样品的 30 倍，转换效率是未掺杂样品的 150 倍。这一结果表明，掺杂 Al 是提高 CdS/Si-NPA 异质结光电性能的有效途径，最佳掺杂量 $n(\mathrm{Al}):n(\mathrm{Cd})=0.07$。

（4）掺杂 In 元素对 CdS/Si-NPA 形貌、结构以及光电性能的影响。

采用 SILAR 法，通过调控实验参数，制备了均匀性和致密性都良好的 CdS 薄膜。然后采用最佳条件制备了掺杂 In 的 CdS/Si-NPA。In 元素的掺入没有破坏 CdS/Si-NPA 复合体系的整体形貌。此外，In 的掺入明显降低了 CdS 薄膜的粗糙度，提升了薄膜的均匀性、致密性和结晶质量。同时从形貌和结构来看，样品 In-0.10 中 CdS 薄膜的质量最佳，均匀性和致密性最好，粗糙度最低。

通过对掺杂 In CdS/Si-NPA 光学性能的研究，得到在 370 nm 的紫外光照射下，掺杂样品的室温 PL 谱都只有 2 个发射峰，分别为 436 nm 的蓝光和 520 nm 的绿光，没有缺陷发射峰，并且绿光与蓝光峰强度比随掺杂浓度增大不断增大，表明掺杂 In CdS 薄膜具有接近的化学计量比和较低的缺陷态密度。通过对掺杂 In CdS/Si-NPA 电学性能的研究，发现掺入 In 后易发生晶格替代，占据 Cd 位，使得 CdS 薄膜的电阻率显著降低，CdS/Si-NPA 异质结器件的整流特性明显改善。

CdS 薄膜的电阻率从 $7.22\times10^3\ \Omega\cdot\mathrm{cm}$ 减小至 $6.53\times10^2\ \Omega\cdot\mathrm{cm}$。CdS/Si-NPA 的反向击穿电压从 3.0 V 增大至 6.5 V，理想因子 n 值从 20.5 减小至 8.68。其中，样品 In-0.10 的整流特性最好。

通过对掺杂 In CdS/Si-NPA 电致发光特性的研究，发现掺杂 In CdS/Si-NPA 的 EL 谱为 300～700 nm 的宽谱发射，经色坐标计算为白光发射，并且通过控制掺杂浓度，可实现对其色坐标和色温的有效调控。掺入 In 使得 CdS/Si-NPA 有望成为制备硅基白光 LED 的理想材料。通过对掺杂 In CdS/Si-NPA 光伏特性的研究，发现 In 的掺入有效减小器件的串联电阻，使得器件的转换效率提高了 2 个数量级。

虽然样品的能量转化效率依然较低，但是经过上面的分析，认为通过优化 CdS 薄膜和电极的制备条件，可以进一步提高其转换效率。另外，本实验提供了三种降低 CdS 薄膜电阻率和异质结串联电阻的方法，为制备高效 CdS/Si-NPA 太阳能电池提供了思路。

（5）ZnO/Si-NPA 光电探测器的制备与探测性能研究。

首先以 Si-NPA 为衬底，采用水热法在其上制备了 ZnO 纳米线，并对其光电性能进行了测试，结果发现：ZnO 进行水热生长时，不同的反应浓度、反应温度、原料、晶种层的层数及是否退火等一系列反应条件均会对 ZnO 纳米线的 PL 谱产生影响。最佳的制备溶液浓度为 0.1 mol/L 的硝酸锌和 HMTA 溶液。并且厚晶种层的生长和退火均有利于 ZnO 的生成。光电探测时，无光照条件下，ZnO/Si-NPA 的 I-U 关系曲线为线性增长。在稳压条件下，不同波长的紫外光进行照射时，ZnO/Si-NPA 的电流均会随着光照时间的增加而增大，说明 ZnO/Si-NPA 随着光照时间的增加，其灵敏度不断提高。这些结论表明 ZnO/Si-NPA 是制备光电探测器的理想材料。